高等学校艺术设计专业课程改革教材

普通高等教育"十三五"规划教材

# 建筑装饰手绘表现图技法

## （第 2 版）

主 编 文 健 刘 明 魏爱敏

清华大学出版社

北京交通大学出版社

·北京·

## 内 容 简 介

本书从室内单体家具与陈设的线描及着色表现技巧训练、室内家装空间手绘表现图的绘制技巧训练、室内公装空间手绘表现图的绘制技巧训练三个角度，详细地阐述建筑装饰手绘表现图的基本概念、特点和训练方法。

本书语言朴实，训练方法科学有效，可作为应用型本科院校和高职高专类院校艺术设计专业基础教材使用，也可以作为业余爱好者的自学辅导用书。

### 图书在版编目（CIP）数据

建筑装饰手绘表现图技法／文健，刘明，魏爱敏主编. —2版. —北京：北京交通大学出版社：清华大学出版社，2019.1

（高等学校艺术设计专业课程改革教材）

ISBN 978－7－5121－3795－0

Ⅰ. ①建… Ⅱ. ①文… ②刘… ③魏… Ⅲ. ①建筑装饰-建筑图-绘画技法-高等学校-教材
Ⅳ. ① TU204.11

中国版本图书馆 CIP 数据核字（2018）第 268688 号

建筑装饰手绘表现图技法

JIANZHU ZHUANGSHI SHOUHUI BIAOXIAN TU JIFA

责任编辑：吴嫦娥
出版发行：清 华 大 学 出 版 社　　邮编：100084　　电话：010－62776969
　　　　　北京交通大学出版社　　邮编：100044　　电话：010－51686414
印 刷 者：艺堂印刷（天津）有限公司
经　　销：全国新华书店
开　　本：210mm×285mm　印张：10.25　字数：362 千字
版　　次：2019 年 1 月第 2 版　　2019 年 1 月第 1 次印刷
书　　号：ISBN 978－7－5121－3795－0/TU · 180
印　　数：1～4 000 册　　定价：59.00 元

本书如有质量问题，请向北京交通大学出版社质监组反映。对您的意见和批评，我们表示欢迎和感谢。
投诉电话：010－51686043，51686008；传真：010－62225406；E-mail：press@bjtu.edu.cn。

# 前　言

　　"建筑装饰手绘表现图技法"是室内设计专业的一门必修专业课。建筑装饰手绘表现是对建筑内部室内空间进行的艺术设计，主要通过徒手绘制的方式表现室内空间的造型、尺寸、色彩、材质等装饰要素。建筑装饰手绘表现是室内设计师必备的一项基本功，有助于设计师推敲设计方案和传达设计理念。对"建筑装饰手绘表现图技法"的学习也有利于提升学生的空间思维能力、空间表现能力和空间创作能力，为今后从事具体的室内设计工作打下良好的基础。

　　本教材从 2013 年第 1 次出版以来深受读者欢迎，经过 5 年的时间，现在对本教材进行再版。本次再版强化了建筑装饰手绘表现作为室内设计教学体系中前沿性课程与后续专业课程之间的联系和衔接，将建筑装饰手绘表现的教学与后续的专业设计，如住宅空间室内设计、办公空间室内设计和餐饮空间室内设计等有机地结合起来，使建筑装饰手绘表现的教学更具实用性和实战性，与后续专业设计以及教学体系之间的联系更加紧密；也更有利于学生运用所学的建筑装饰手绘表现知识解决室内设计实践中的具体问题，提高学生的设计思维能力、设计表现能力和设计创新能力；此外，本次再版注重理论知识与实践能力培养的有效结合，力求提高学生的学习理解能力和实践动手能力。教材中选用的经典案例都是实际的室内空间设计项目，实用性极高。

　　本次再版注重理论分析与实践表达的有机结合，将设计创新能力和设计表现能力培养作为训练的项目和任务，促进学生的设计创新思维的建立和设计表现能力的提高。同时，注重对建筑装饰手绘表现教学典型案例的分析与提炼，工学结合，以项目化、任务化的方式将项目分解成若干个任务模块，按照由易到难、由简单到复杂的规律逐步训练学生的空间思维设计和空间创新设计的能力。

　　由于编者学术水平有限，本书可能存在一些不足之处，敬请读者批评指正。

　　限于版面原因，更多精美的手绘表现图图片可通过扫描本书二维码，登录加阅平台来欣赏。

文　健

2018. 12

# 目　录

项 目 一　认识建筑装饰手绘表现图

## 任务　了解建筑装饰手绘表现图的基本概念

【学习目标】

1. 了解建筑装饰手绘表现图的基本概念和分类；
2. 了解建筑装饰手绘表现图的工具；
3. 掌握建筑装饰手绘表现图的学习方法。

【教学方法】

1. 讲授、课堂提问结合课堂示范，通过案例教学法启发和引导学生思维，同时为学生提供充足的动手练习时间，培养学生的自我学习能力；
2. 遵循教师为主导、学生为主体的原则，采用多种教学方法激发学生的学习积极性，变被动学习为主动学习。

【学习要点】

1. 了解建筑装饰手绘表现图的基本概念、特点；
2. 掌握建筑装饰手绘表现图的练习方法。

### 一、建筑装饰手绘表现图的基本概念

建筑装饰设计是指以美化建筑及建筑内部空间为目的的设计形式，它是一个内容丰富、概念广泛、多学科交叉的综合性学科。建筑装饰手绘表现图是建筑装饰设计师徒手绘制的表现性图纸。它集科学性、艺术性和说明性于一身，可以在较短时间内直观而快捷地表达设计意图和设计方案，是建筑装饰设计师进行设计方案的分析与比较，以及展现设计创意的法宝。

建筑装饰手绘表现图可以是建筑装饰设计师在概念设计阶段的方案构思草图，也可以是表现具体空间的精细表现图。它有利于推敲和比较设计方案，完善设计构思，展现初步设计效果，是进行计算机终极效果表现的基础蓝本，也是建筑装饰设计师快速、高效地表达设计思想的最直观的方法。如图 1-1 和图 1-2 所示。

（a）室内初步平面布置图

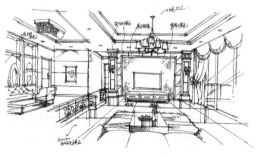

（b）室内空间手绘构思草图

（c）室内空间计算机终极效果表现图

图 1-1　从建筑装饰概念设计阶段的方案构思草图演变到计算机终极效果表现图（文健　作）

1

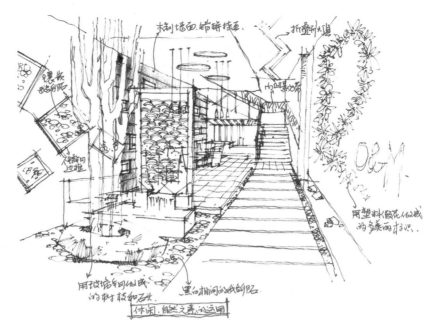

（a）建筑装饰手绘表现草图

（b）建筑装饰计算机表现图

（c）按照设计方案实施完成后的现场效果

## 图 1-2　建筑装饰手绘表现草图、计算机表现图与现场效果（文健　作）

（a）构思出初步空间设计效果，并标明所用装饰材料，有助于更好地指导计算机效果图的绘制；

（b）真实地模拟出了空间装修后的效果，有助于读者直观地感受空间的氛围。

## 二、手绘效果图快速表现技法的特点

### 1. 时效性

建筑装饰手绘表现图的主要价值在于把大脑中的设计构思快速地表达出来，手绘表达的过程是设计思维由大脑向手延伸，并最终艺术化地表现出来的过程。在设计的初始阶段，这种"延伸"是最直接和最富有成效的，一些好的设计想法往往通过这种方式被快速展现和记录下来，成为完整设计方案的原始素材。时效性是建筑装饰手绘表现图最重要的特点。现在有许多设计师在努力提高手绘的艺术表现技巧，让画面看上去更加美观，这其实偏离了手绘概念草图的本质。片面追求表面修饰，无异于舍本逐末，对设计水平的提高没有太大帮助。建筑装饰手绘表现图是与设计挂钩的，通过手绘的方式将各种构思的造型绘制出来，并进行分解和重组，创造出新的造型样式，这种设计的推敲过程才是设计创作的本源，也是建筑装饰手绘表现图应该表达的核心内容。

### 2. 科学性

建筑装饰手绘表现图是工程图和艺术表现图的结合体，它要求表达出工程图的严谨性和艺术表现图的美感。其中，前者是基础，后者是形式手段，两者相辅相成，互为补充。作为工程图的前身，建筑装饰手绘表现图具有严谨的科学性和一定的图解功能，如空间结构的合理表达、透视比例和尺寸的准确把握、材料质感的真实表现等。只有重视手绘表现图的科学性，才能为下一步的深化设计和施工图绘制打下坚实的基础。

### 3. 艺术性

建筑装饰手绘表现图是设计师艺术素养与表现能力的综合体现，它以其自身的艺术魅力和强烈的感染力向人们传达着创作思想、设计理念和审美情感。建筑装饰手绘表现图的艺术化处理，在客观上对设计是一个强有力的补充。设计是理性的，设计表达则往往是感性的，而且最终必须通过有表现力的形式来实现，这些形式包括形状、线条和色彩等。建筑装饰手绘表现图的艺术性决定了设计师必须追求形式美感的表现技巧，将自己的设计作品艺术地包装起来，更好地展现给公众。正如英国文学家毛姆所说："伟大的艺术从来就是最富于装饰价值的。"

## 三、建筑装饰手绘表现图的分类

建筑装饰手绘表现图，按表现内容可以分为室内建筑装饰手绘表现图和室外建筑装饰手绘表现图；按表现方式可以分为精细手绘表现图和概念草图。如图 1-3 ～图 1-10 所示。

图 1-3　室内建筑装饰手绘表现图 1（林文冬　作）

图 1-4 室内建筑装饰手绘表现图 2（叶晓燕 作）

图 1-5 室外建筑装饰手绘表现图 1（杜健 作）

图1-6 室外建筑装饰手绘表现图2（胡华中 作）

图1-7 精细手绘表现图（陆守国 作）

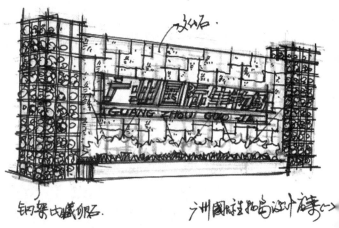

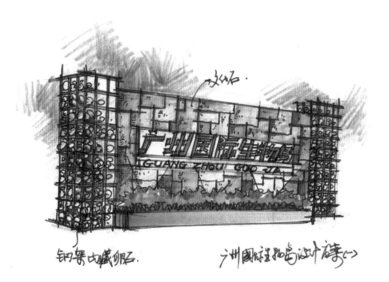

图 1-8　室外建筑装饰手绘表现与概念草图（文健　作）

图 1-9 室外建筑装饰计算机效果图
（文健 作）

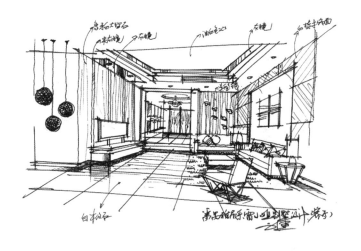

图 1-10　概念草图与实际效果图（文健 作）

## 四、建筑装饰手绘表现图的工具

建筑装饰手绘表现图的工具主要有以下几类。

### 1.笔

包括钢笔、针管笔、彩色铅笔、马克笔等。

钢笔笔头坚硬，所绘线条刚直有力，是徒手表现的首选工具。钢笔有普通钢笔和美工钢笔两种。普通钢笔画的线条粗细均匀，挺直舒展；美工钢笔画的线条粗细变化丰富，线面结合，立体感强。两种钢笔各有特点，可以配合在一起使用。

针管笔有金属针管笔和一次性针管笔两种，0.1、0.2、0.3、0.4、0.5、0.6、0.7等不同型号。可根据不同的绘制要求选择不同型号的针管笔，其绘制的线条流畅自然，细致耐看。

彩色铅笔有水溶性和蜡性两种，其色彩丰富，笔触细腻，可表现较细密的质感和较精细的画面。

马克笔有油性、水性和酒精性之分。笔头宽大，笔触明显，色彩退晕效果自然，可表现大气、粗犷的画面。

### 2.纸

可采用较厚实的铜版纸、高级白色绘图纸和复印纸等，要求纸质白皙、紧密，吸水性较好。

### 3.其他工具

直尺、曲线板、橡皮、铅笔、图板、丁字尺、三角尺、透明胶带等。

## 五、建筑装饰手绘表现图的学习方法

建筑装饰手绘表现图的学习需要制定科学的训练计划和行之有效的学习方法。首先要有一个良好的心态，避免浮躁情绪，以及好高骛远、急功近利的做法，坚持从点滴做起，一步一个脚印，扎扎实实地去学；其次要制定科学有效的训练计划，并严格按照计划去训练和提高，切不可半途而废。建筑装饰手绘表现图可以从以下两个方面来进行训练。

### 1.钢笔线条的训练

手绘表现主要通过钢笔或针管笔来勾画物体轮廓，塑造物体形象，因此，钢笔线条的练习成为手绘训练的重点。钢笔线条本身就具有无穷的表现力和韵味，它的粗细、快慢、软硬、虚实、刚柔和疏密等可以传递出丰富的质感和情感。

钢笔线条主要分为慢写线条和速写线条两类。

慢写线条注重表现线条自身的韵味和节奏，绘制时要求用力均匀，线条流畅、自然。通过训练慢写线条，不仅可以提高手对钢笔线条的控制力，使脑与手配合得更加完美，而且可以锻炼绘画者的耐心和毅力，为设计创作打下良好的心理基础。如图1-11~图1-12所示。

速写线条注重表现线条的力度和速度，绘制时用笔较快，线条刚劲有力，挺拔帅气。通过训练速写线条，可以提高绘画者的概括能力和快速表现能力。如图1-13所示。

### 2.临摹

手绘表现是艺术表现的一个门类，艺术表现的训练需要继承前人优秀的表现手法和表现技巧。这样不仅可以在短时间内迅速提高练习者的表现能力，而且可以取长补短、博采众长，最终形成自己独特的表现风格。

临摹优秀的手绘表现作品是学习手绘表现的捷径，对于初学者来说，是一种迅速见效的方法。临摹面对的是经过整理加工的画面，这就有利于初学者直观地获得优秀作品的画面处理技巧，并经过消化和

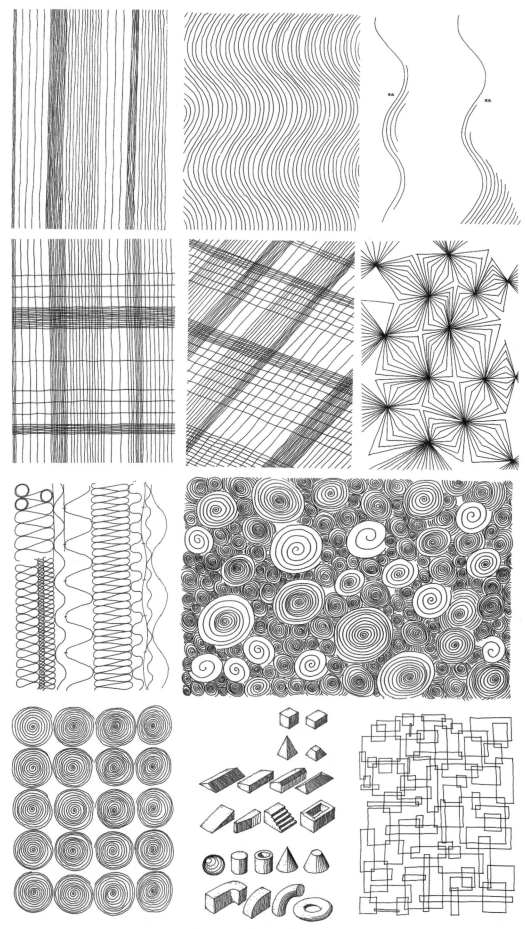

图 1-11　慢写线条练习 1

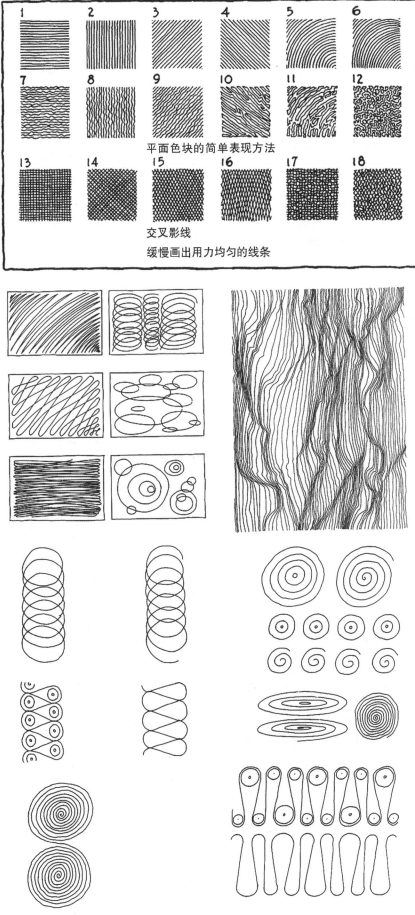

平面色块的简单表现方法

交叉影线

缓慢画出用力均匀的线条

图 1-12　慢写线条练习 2

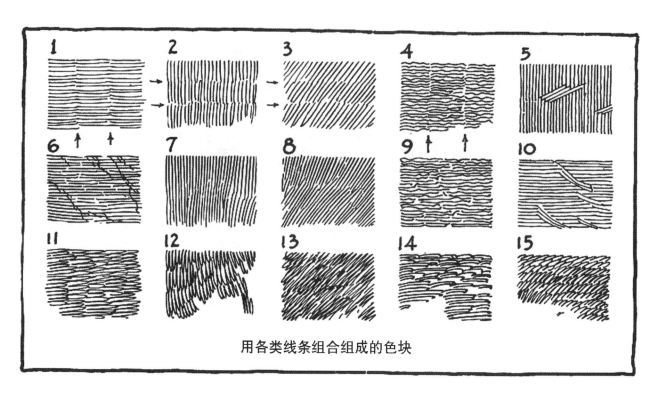

用各类线条组合组成的色块

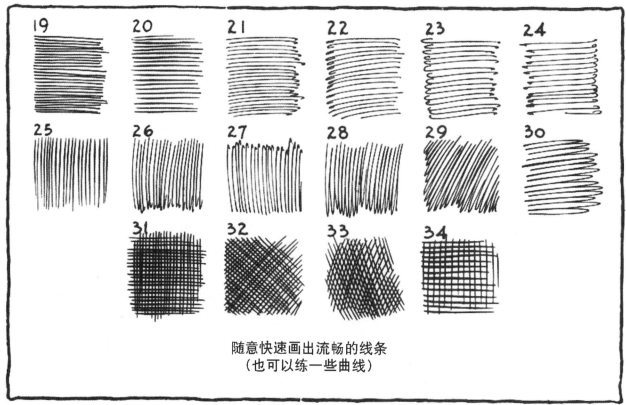

随意快速画出流畅的线条
（也可以练一些曲线）

图 1-13　速写线条练习

吸收，转化为自己的表现技巧。临摹还有一个好处，就是可以接触和尝试许多不同风格的作品，这样可以极大地拓展初学者的眼界，丰富初学者的表现手段。因为临摹接触的是优秀的作品，这就使得初学者能够站在专业的高度上看清自己的位置和日后的发展方向，这比单纯的技术训练具有更深远的意义。

临摹是能够迅速把技术训练和设计思想结合起来的有效学习手段。手绘表现不仅是技术的训练，也是设计思想的训练。临摹一方面是学习具体的作画技巧，另一方面也在学习作画者的设计理念。一件优秀的手绘表现作品，其技术的因素是次要的，重要的在于隐含在技术之中的设计理念，好的设计理念才是优秀手绘表现作品的核心。

临摹分为摹写和临绘两个阶段。在摹写阶段，要求练习者使用透明的硫酸纸临摹别人的图片（或作品），这样可以直观地获取对方的构图、线条和色彩，并培养练习者的绘画感觉。在临绘阶段，要求练习者将所临摹的图片（或作品）置于绘图纸的左上角，先用眼睛观察，再用手绘方式临绘下来，力求做到与原图片（或作品）相似或相近。这种练习可以培养练习者的观察能力和手绘能力。

临摹只是学习手绘表现技巧的一种方法，切不可一味临摹而缺乏自己的风格。在临摹到一定程度时，就要运用临摹中学到的表现手法进行创作，最终将这些表现手法概括归纳，消化吸收，成为自己的表现手法，这样才能绘制出有自己独特个性和风格的作品。临摹如图1-14～图1-15所示。

（a）原作（么冰儒　作）

（b）临摹作品（彭巧巧　临）

图1-14　室内建筑装饰手绘表现图1

（a）原作（关末 作）

（b）临摹作品（文健 临）

图 1-15 室内建筑装饰手绘表现图 2

1. 什么是建筑装饰手绘表现图？有哪些特点？

2. 建筑装饰手绘表现图主要从哪两个方面进行训练？

3. 临摹两幅室内建筑装饰手绘表现图。

# 项目二　掌握建筑装饰手绘表现图基本绘制技巧

## 任务1　掌握室内单体家具与陈设的线描表现技巧

**【学习目标】**

1. 了解室内单体家具与陈设的线描绘制要点；

2. 掌握室内单体家具与陈设的线描绘制技巧；

3. 掌握室内单体家具与陈设的创作技巧。

**【教学方法】**

1. 讲授、课堂提问结合课堂示范，通过行为引导教学法启发和引导学生思维，为学生提供充足的动手练习时间，培养学生的自我学习能力；

2. 遵循教师为主导、学生为主体的原则，采用多种教学方法如分组竞赛法、头脑风暴法、情景互换法等激发学生的学习积极性，变被动学习为主动学习。

**【学习要点】**

1. 掌握世界经典家具的线描绘制技巧；

2. 能创作简单的室内家具与陈设。

建筑装饰手绘表现图需要在作画过程中快速而准确地表现对象的形体特征，形体造型的严谨与否是手绘表现的核心。手绘效果图与普通绘画是有一定区别的，它不能将表现对象随意地夸张和变形，必须严格地遵守表现对象的比例、尺寸和材质，这就要求作画者应该具备较强的造型能力。造型能力的提高可以通过绘制室内单体家具与陈列来训练。室内单体家具与陈列是建筑室内空间的重要组成部分，也是手绘表现的重点和难点，室内单体家具与陈列绘制的好坏直接影响到建筑室内空间表现的效果。

室内单体家具与陈设的线描绘制的要点如下。

（1）室内单体家具与陈设具有完整的造型和不同的质感。因此，在绘制时要仔细观察，并对形体进行分析和理解，掌握形体的透视关系和结构关系，抓住形体的主要特征，准确而形象地将形体表现出来。

（2）室内单体家具与陈设绘制时要注意家具之间的尺寸与比例关系。如绘制床和床头柜的组合时，就要按照 1.8 m 的床宽和 0.4 m 的床头柜宽来绘制它们之间的比例关系，避免把床或床头柜画得过大或过小。

（3）室内单体家具与陈设绘制时尽量不要使用太多辅助工具。要着重训练眼与手的协调配合能力，锻炼敏锐的观察力和熟练的手绘技巧。最好将每个室内单体家具与陈设反复画上几遍，甚至几十遍，找出其中的规律。

（4）室内单体家具与陈设绘制时要注意表现出钢笔线条的流畅美感，尽量一笔画出，切记反复描画，还要表现出线条粗细、长短、刚柔、虚实、疏密和节奏的变化，使线条的表现力更加丰富。

室内单体家具与陈设手绘表现如图 2-1 ～图 2-16 所示。

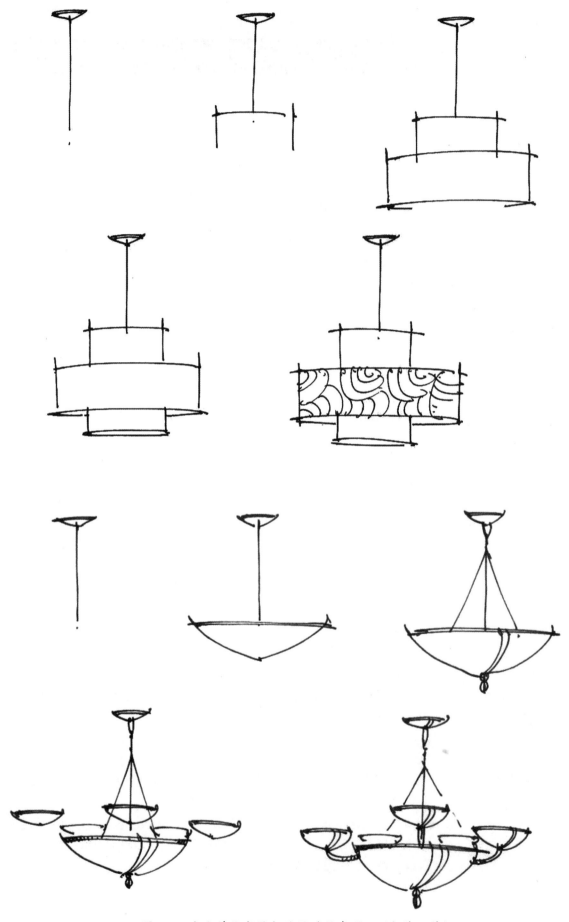

图 2-1　室内单体家具与陈设手绘表现 1（文健　作）

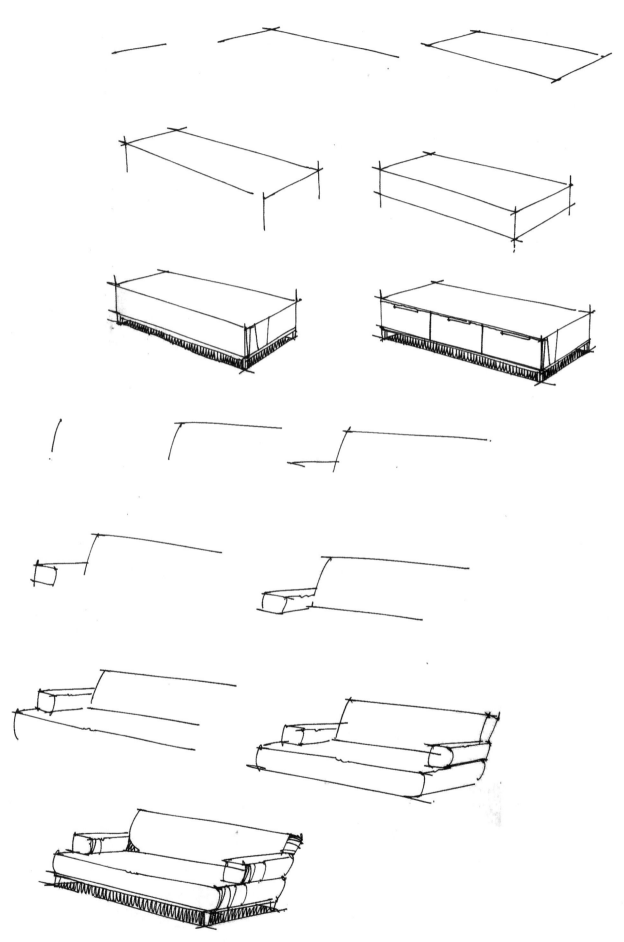

图 2-2　室内单体家具与陈设手绘表现 2（文健　作）

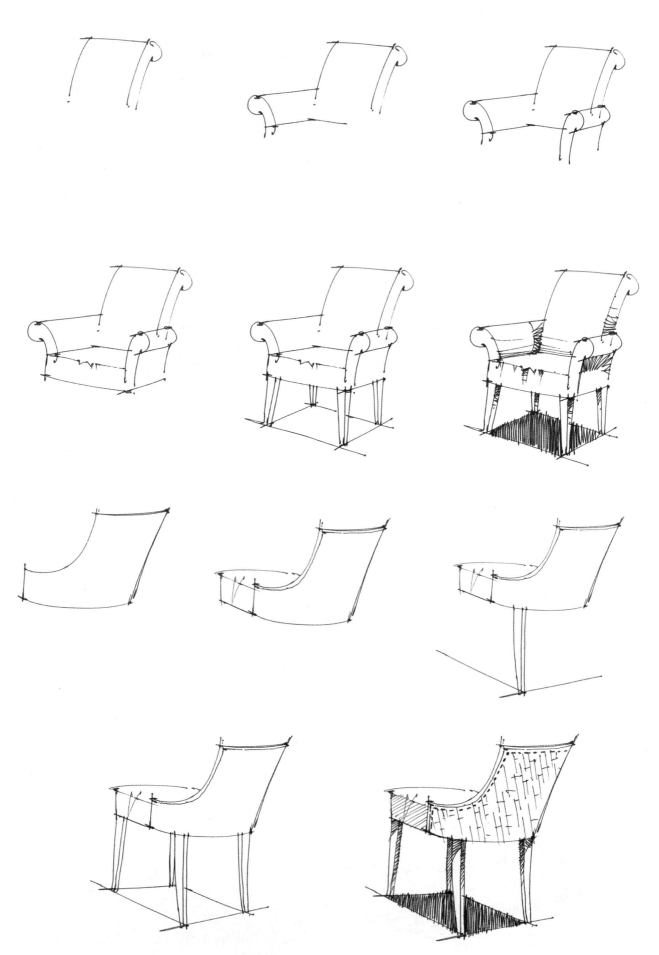

图 2-3　室内单体家具与陈设手绘表现 3（文健　作）

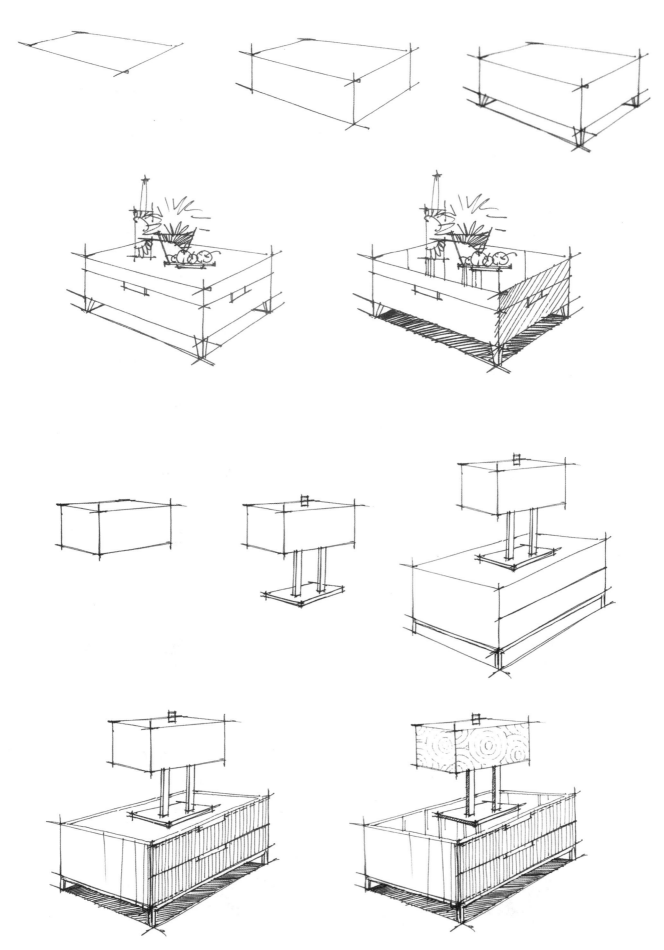

图 2-4　室内单体家具与陈设手绘表现 4（文健　作）

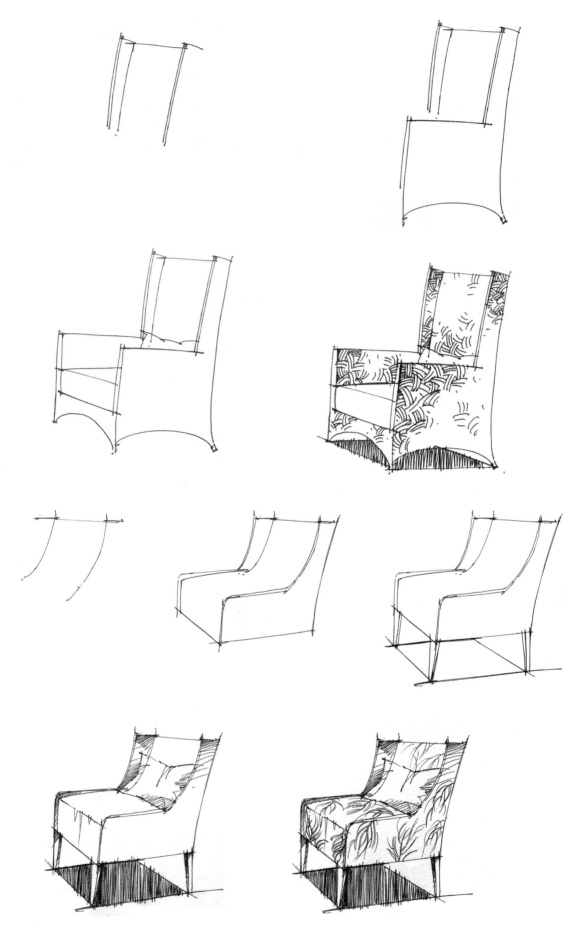

图 2-5　室内单体家具与陈设手绘表现 5（文健　作）

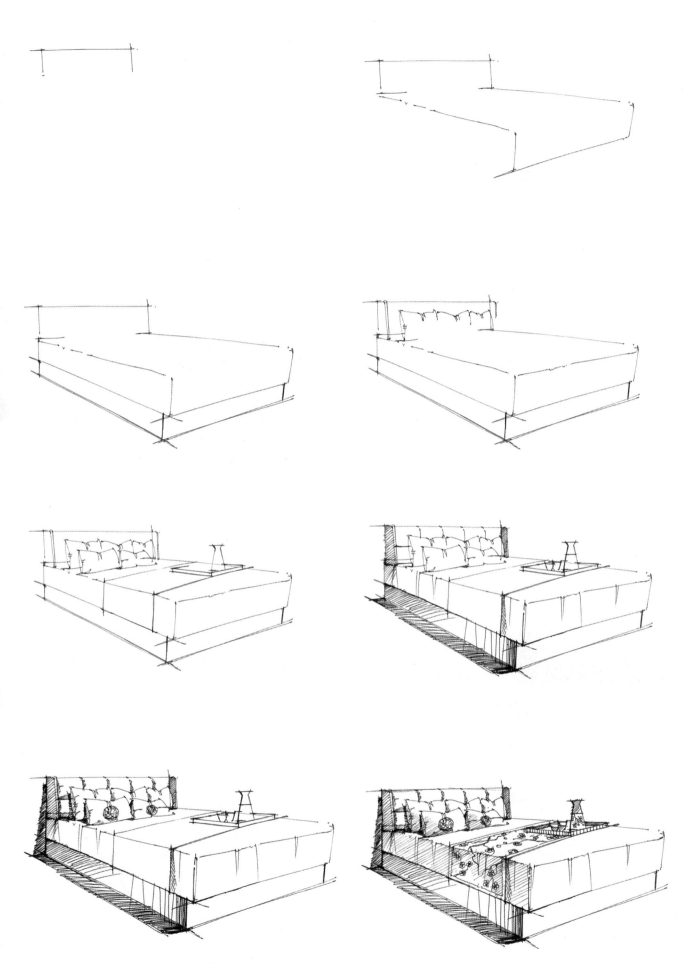

图 2-6　室内单体家具与陈设手绘表现 6（文健　作）

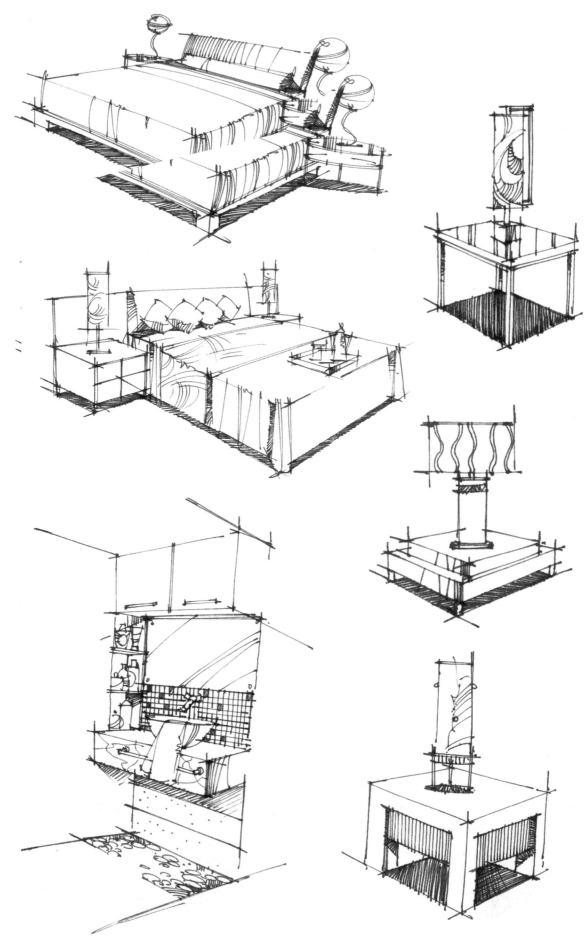

图 2-7　室内单体家具与陈设手绘表现 7（文健　作）

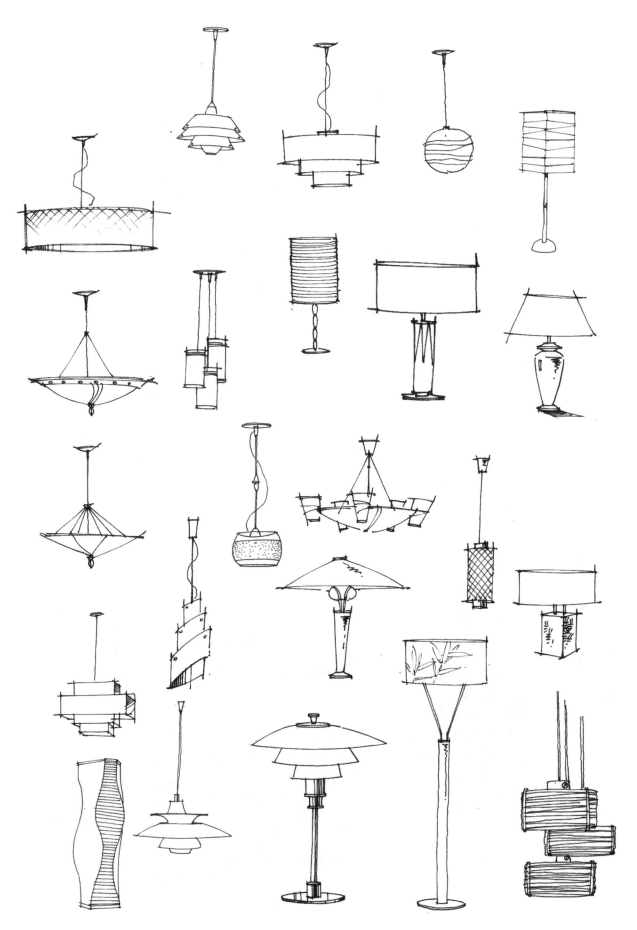

图 2-8　室内单体家具与陈设手绘表现 8（文健　作）

图 2-9　室内单体家具与陈设手绘表现 9（文健　作）

图 2-10　室内单体家具与陈设手绘表现 10（文健　作）

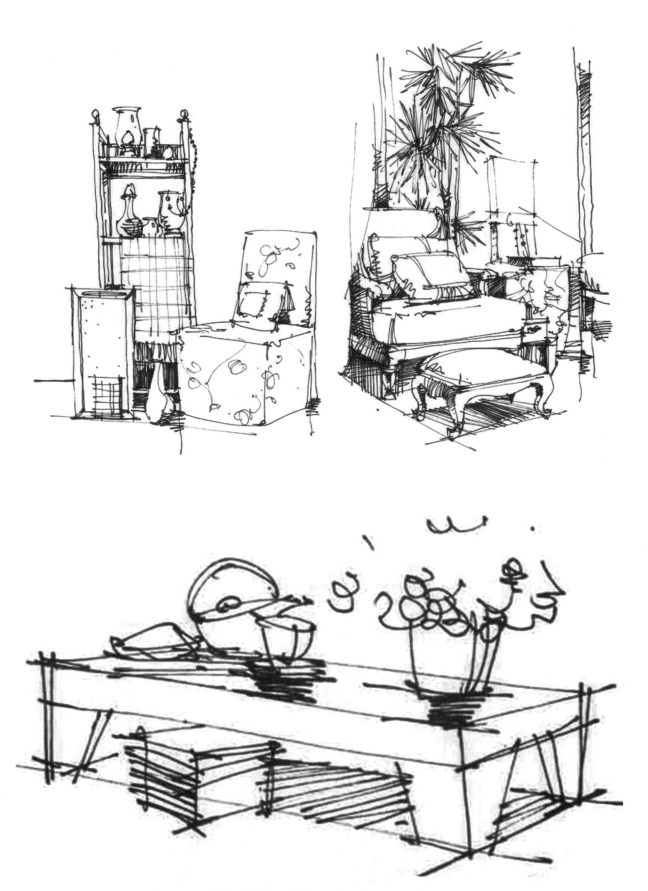

图 2-11　室内单体家具与陈设手绘表现 11（文健　作）

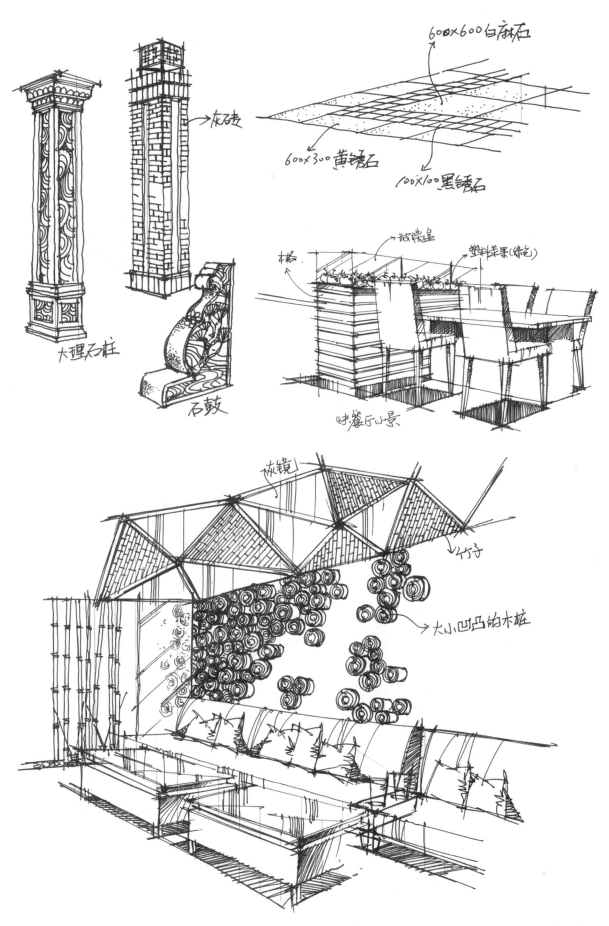

图 2-12 室内单体家具与陈设手绘表现 12（文健 作）

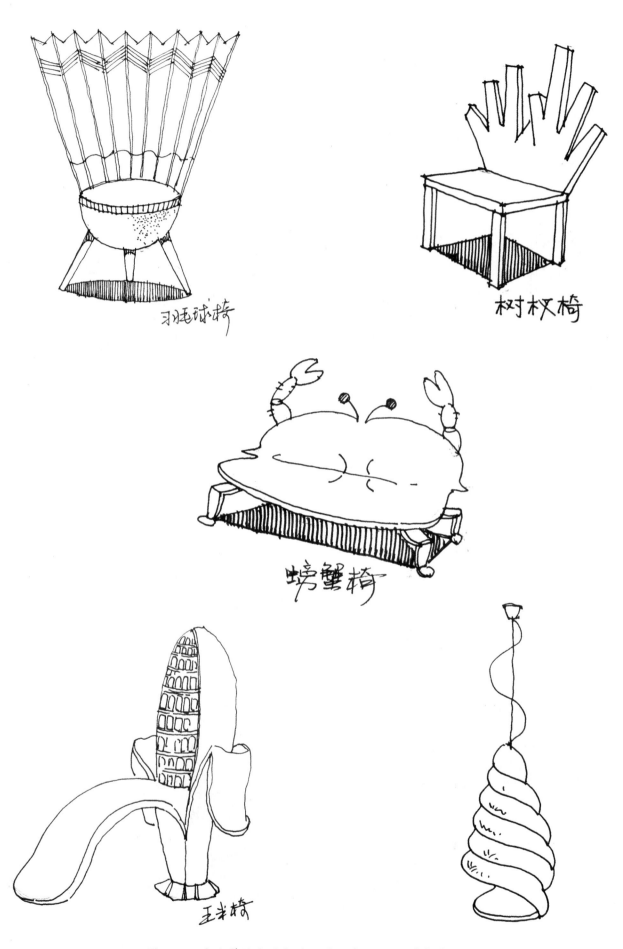

羽毛球椅

树杈椅

螃蟹椅

玉米椅

图 2-13 室内单体家具与陈设手绘表现 13（学生作品）

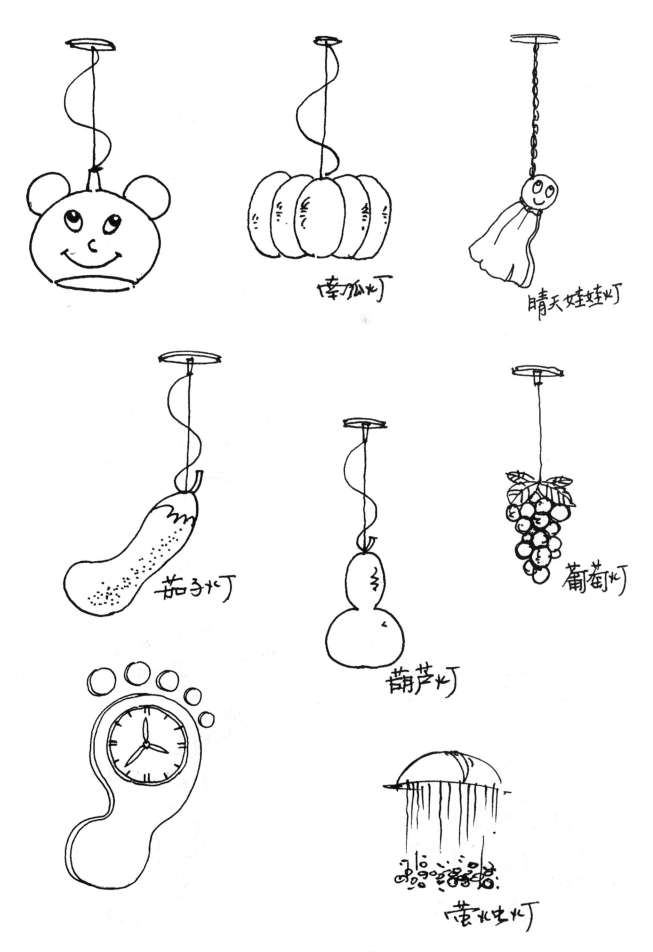

南瓜灯

晴天娃娃灯

茄子灯

葫芦灯

葡萄灯

萤火虫灯

图 2-14　室内单体家具与陈设手绘表现 14（学生作品）

三明治灯

狗熊椅

章鱼椅

打火机、香烟椅

乌龟形垃圾筒

猪头形插头罩，可以很好保护插座，防止儿童触摸

图 2-15　室内单体家具与陈设手绘表现 15（学生作品）

图 2-16　室内单体家具与陈设手绘表现 16（关未　作）

1. 室内单体家具与陈设线描绘制的要点有哪些？

2. 绘制 50 个室内单体家具与陈设。

# 任务 2　掌握室内单体家具与陈设的着色表现技巧

**【学习目标】**

1. 了解着色工具马克笔和彩色铅笔的特性；

2. 掌握室内单体家具与陈设的着色表现技巧。

**【教学方法】**

1. 讲授、课堂提问结合课堂示范，通过行为引导教学法启发和引导学生思维，同时为学生提供充足的动手练习时间，培养学生的自我学习能力；

2. 遵循教师为主导、学生为主体的原则，采用多种教学方法如分组竞赛法、头脑风暴法、情景互换法等激发学生的学习积极性，变被动学习为主动学习。

**【学习要点】**

1. 掌握室内单体家具与陈设的着色表现技巧；

2. 能运用色彩原理为室内家具与陈设着色。

　　室内单体家具与陈设的着色主要使用马克笔和彩色铅笔。马克笔笔头宽大、较粗，笔尖可画细线，笔的斜面可画粗线，马克笔就是通过线面结合的笔触来表达画面色彩效果。

　　马克笔根据其化学成分可以分为水性、油性和酒精性三种，其中油性笔最常用。油性马克笔色彩较透明，覆盖力强，层次丰富，有较强的视觉冲击力。油性马克笔常用色谱如图 2-17 所示。

　　彩色铅笔笔头较细，色彩丰富，过渡自然，适合处理较精细的画面效果。彩色铅笔主要通过分组排

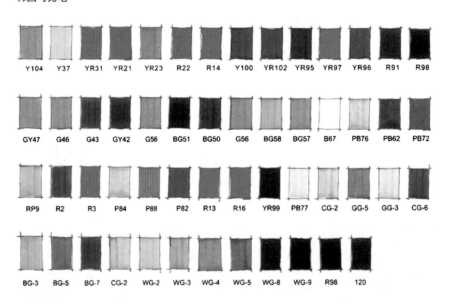

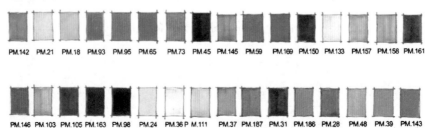

图 2-17　油性马克笔常用色谱（赵国斌　作）

线和色彩叠加来表达画面色彩效果。

马克笔和彩色铅笔手绘室内单体家具与陈设着色表现要点如下。

（1）马克笔笔触宽大，适合画大面积的色彩；彩色铅笔笔触细腻，适合刻画精致的色彩细节。两种工具同时使用时，应先用马克笔铺大色块，再用彩色铅笔过渡，使色彩的衔接更加自然。

（2）马克笔笔触明显，色彩醒目，绘制时要体现出色彩的深浅退晕效果，先画浅色，再逐步叠加深色。同时，由于马克笔笔触的视觉效果明显，所以绘制时应做到整齐、干净，尽量不超过物体的轮廓线，即"守线"原则。彩色铅笔的着色主要通过成行成组的线条叠加，所以应特别注意笔触的秩序感和协调感。

（3）马克笔和彩色铅笔的着色应遵循固有色、光源色和环境色的色彩原理，尽量将物体的色彩层次和色彩关系表达丰富。

利用马克笔和彩色铅笔手绘的室内单体家具与陈设着色表现如图 2-18～图 2-34 所示。

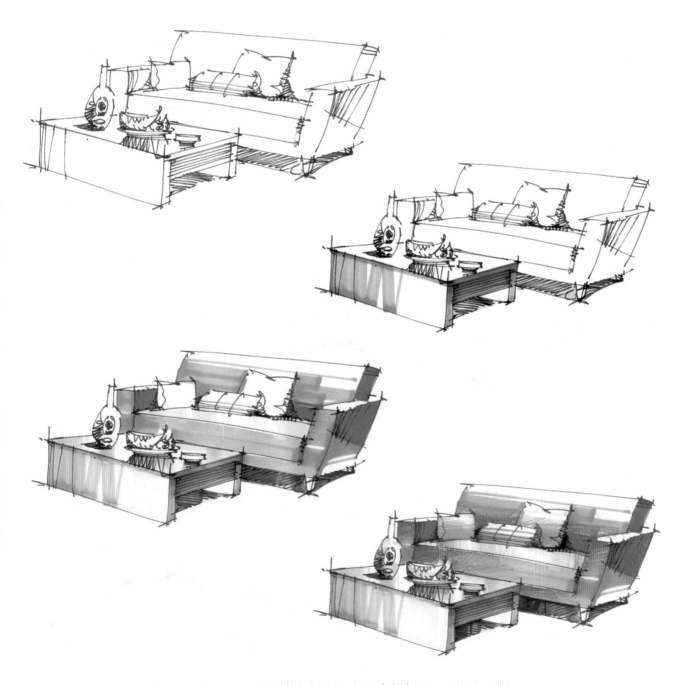

图 2-18　室内单体家具与陈设着色表现 1（文健　作）

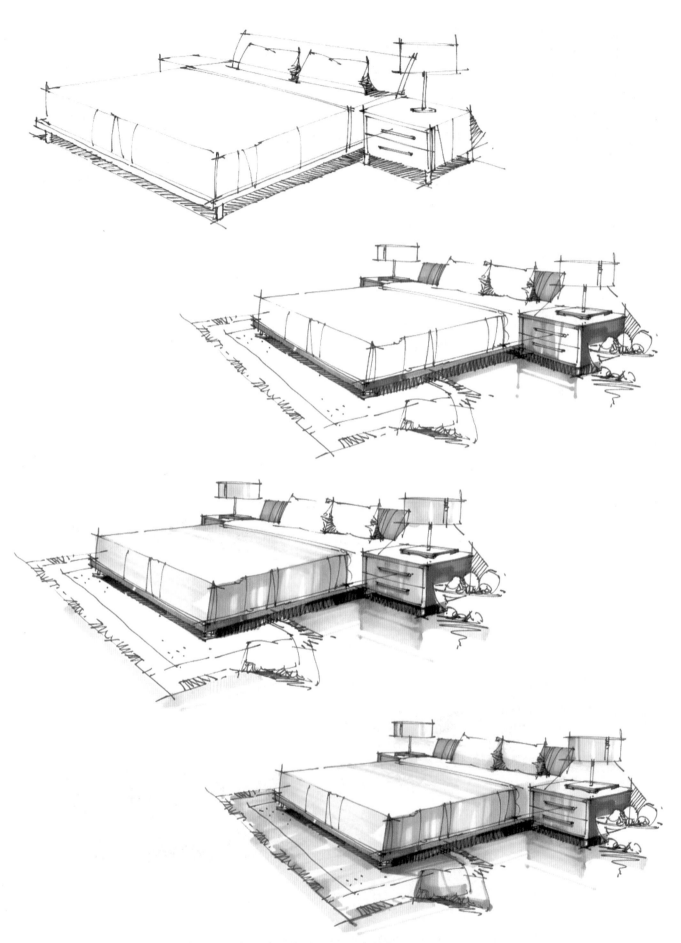

图 2-19　室内单体家具与陈设着色表现 2（文健　作）

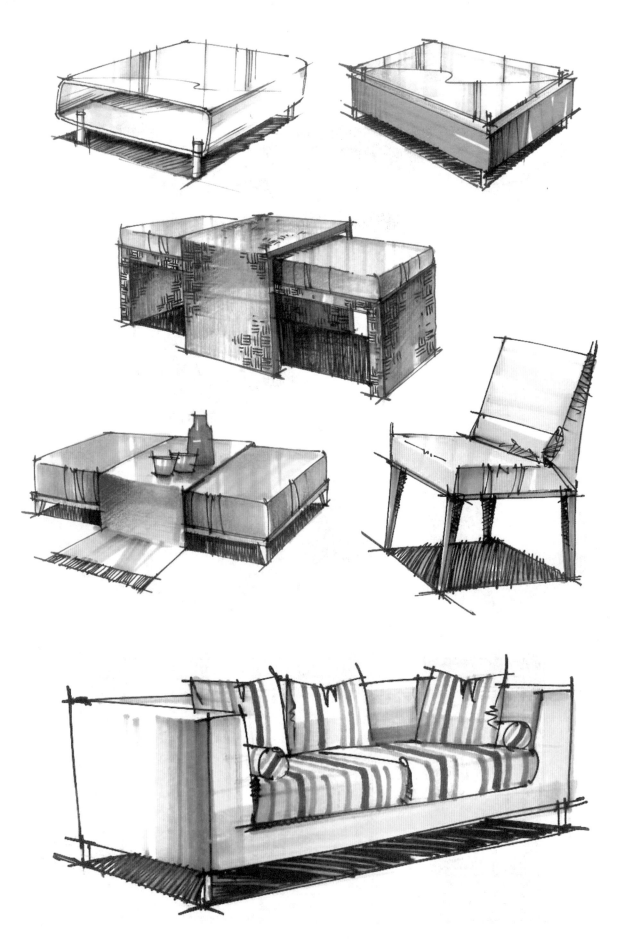

图 2-20　室内单体家具与陈设着色表现 3（文健　作）

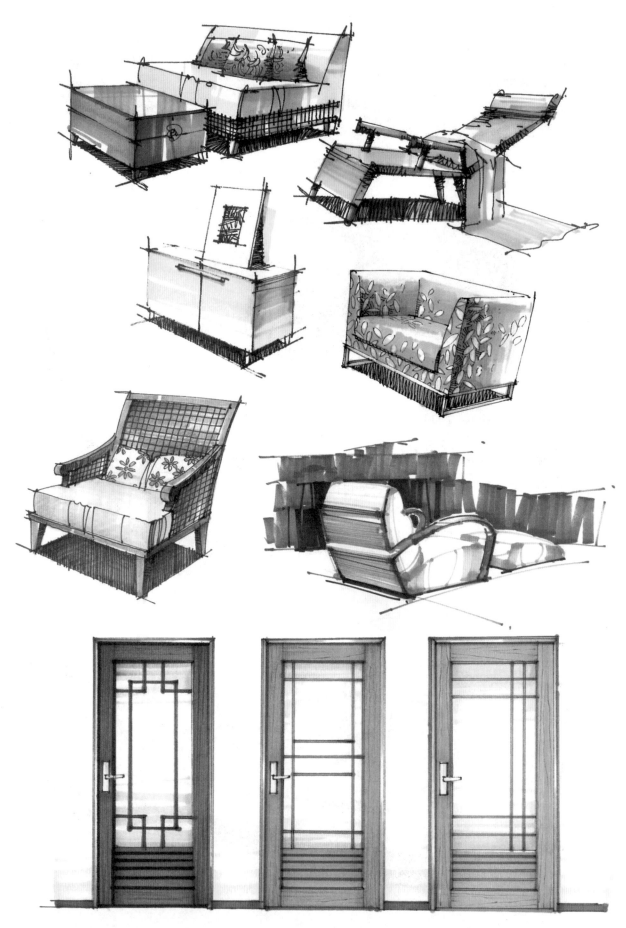

图 2-21　室内单体家具与陈设着色表现 4（文健　作）

图 2-22　室内单体家具与陈设着色表现 5（徐方金　作）

图 2-23　室内单体家具与陈设着色表现 6（丁选　作）

图 2-24　室内单体家具与陈设着色表现 7（邓蒲兵　作）

图 2-25　室内单体家具与陈设着色表现 8（连柏慧　作）

图 2-26　室内单体家具与陈设着色表现 9（赵国斌　作）

图 2-27　室内单体家具与陈设着色表现 10（伍华君　作）

图 2-28　室内单体家具与陈设着色表现 11（谭立予　作）

图 2-29　室内单体家具与陈设着色表现 12（杨勇　作）

图 2-30 室内单体家具与陈设着色表现 13（杨勇 作）

图 2-31　室内单体家具与陈设着色表现 14（陈红卫、沙沛　作）

图 2-32　室内单体家具与陈设着色表现 15（文健　作）

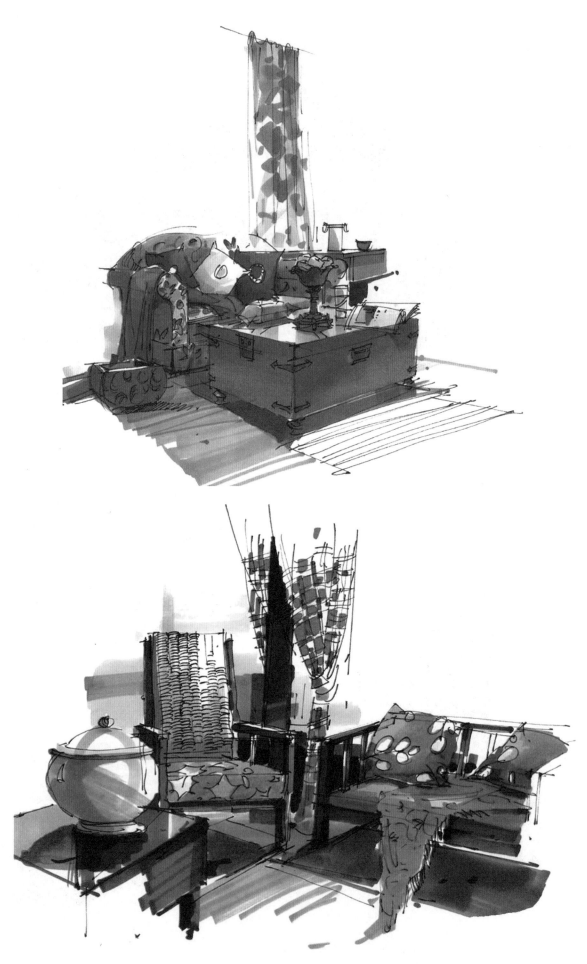

图 2-33　室内单体家具与陈设着色表现 16（杨健　作）

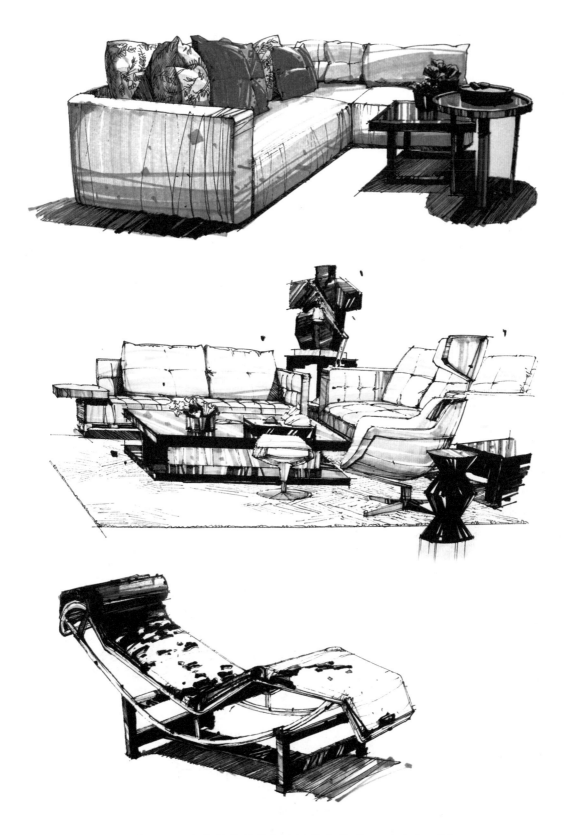

图 2-34　室内单体家具与陈设着色表现 17（刘明　作）

1. 马克笔和彩色铅笔手绘室内单体家具与陈设着色表现要点有哪些？
2. 绘制 30 幅室内单体家具与陈设着色表现图。

# 任务3 掌握室内快速透视法

## 一、标准透视的画法

### 1.透视的概念

所谓透视，是指通过透明平面来观察研究物体形状的方法。透视图是在物体与观者之间假设有一透明平面，观者对物体各点射出视线，与此平面相交之点连接所形成的图形。它是把建筑物的平面、立面或室内的展开图，根据设计图资料画成一幅尚未成实体的画面。

透视的常用术语有以下七个。

（1）视点（$E$）——人眼所在的位置。

（2）画面（$P$）——绘制透视图所在的平面。

（3）基面（$G$）——放置建筑物的平面。

（4）视高（$H$）——视点到地面的距离。

（5）视线（$L$）——视点和物体上各点的连线。

（6）视平线（$C$）——画面与视平面的交线。

（7）视平面（$F$）——过视点所作的水平面。

透视概念示意图如图 2-35 所示。

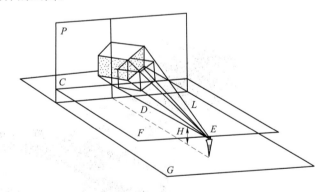

图 2-35 透视概念示意图（蔡洪 作）

### 2.透视的画法

1）一点透视的画法

一点透视又叫平行透视，即人的视线与所观察的画面平行，形成方正的画面效果，并根据视距使画面产生进深立体效果的透视作图方法。其特点为构图稳定、庄重，空间效果较开敞。如图 2-36 所示。

一点透视的画法（室内）如下。

**例**：试画一幅宽、高、深分别为 4 m、2.5 m、3.5 m 的室内空间一点透视图，并画出 0.5 m×0.5 m 的方格地板。

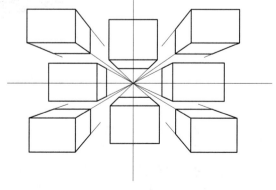

图 2-36 一点透视概念示意图（蔡洪 作）

绘制步骤如下。

（1）画出后墙立面。按比例 1∶50 画出 4 m×2.5 m 的后墙立面，并延长基线。

（2）画视平线。在基线上方 1.5 m 处画水平直线，定为视平线。

（3）定消失点。在视平线上根据画面需要任意定一个点，这个点就是这幅画的消失点。定好消失点后，将消失点与四个墙角用线连接并延伸，这样就形成了透视空间。

（4）定测点。由消失点向左（右）量取 5.5 m（数据由来：（1/2）×4+3.5=5.5 m），在视平线上定为测点。

（5）绘制地板格。在后墙立面的基线上，按比例 1∶50 每 0.5 m 宽的地板宽度定点，从墙角测点所在方向量取 0.5 m 的宽度定点，到 3.5 m 止，从消失点和测点与每个 0.5 m 的点用线连接并延伸，即可得地板格。如图 2-37 所示。

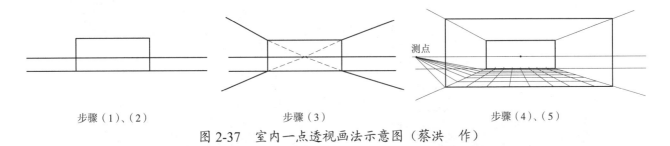

步骤（1）、（2）　　　　　　　步骤（3）　　　　　　　步骤（4）、（5）

图 2-37　室内一点透视画法示意图（蔡洪　作）

室内一点透视手绘表现图如图 2-38～图 2-40 所示。

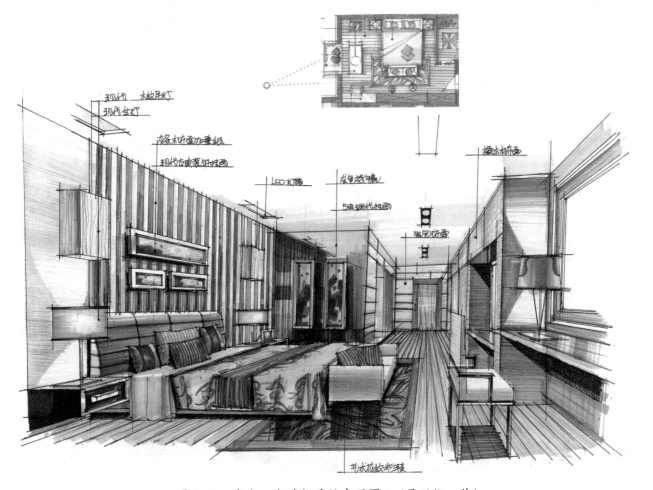

图 2-38　室内一点透视手绘表现图 1（吴世铿　作）

图 2-39　室内一点透视手绘表现图 2（连柏慧　作）

图 2-40　室内一点透视手绘表现图 3（林文冬　作）

2）两点透视的画法

两点透视又叫成角透视，即人的视线与所观察的画面成一定角度，形成倾斜的画面效果，并根据视距使画面产生进深立体效果的透视作图方法。其特点为构图生动、活泼，空间立体感较强。

两点透视示意图如图 2-41 所示。

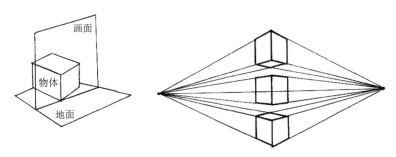

图 2-41 两点透视示意图（蔡洪 作）

两点透视的画法（室内）如下。

**例**：试画一幅左墙宽度、右墙宽度和墙面高度分别为 3 m、4 m、2.5 m 的室内空间两点透视图，并画出 0.5 m×0.5 m 的地板格。

绘制步骤如下。

（1）绘制一条水平直线为基线，在中央部分任意定一点为基点。

（2）画视平线。于墙高 1.5 m 处画水平直线，平行于基线。

（3）定消失点和测点。由墙角线起在视平线上向右量取右墙的长度 4 m 为右测点，再加 4 m 为右消失点；向左量取左墙的长度 3 m 为左测点，再加 3 m 为左消失点。

（4）按照 1∶50 的比例，自基点垂直绘制墙面高度 2.5 m，然后将左、右消失点与 2.5 m 高的墙面上下端连接，可得两点透视室内立体空间。

（5）绘制地板格。自基点起，在基线向右取 0.5 m 宽，共 8 格；向左量取 0.5 m 宽，共 6 格。然后分别以左、右测点连接基线上每一点，并与左、右墙角线相交成若干点。最后，再将这些点与由左、右两个消失点连接，即绘制出地板格。如图 2-42 所示。

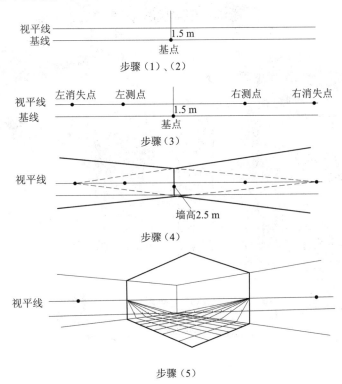

图 2-42 室内两点透视画法示意图（蔡洪 作）

室内两点透视手绘表现如图2-43～图2-46所示。

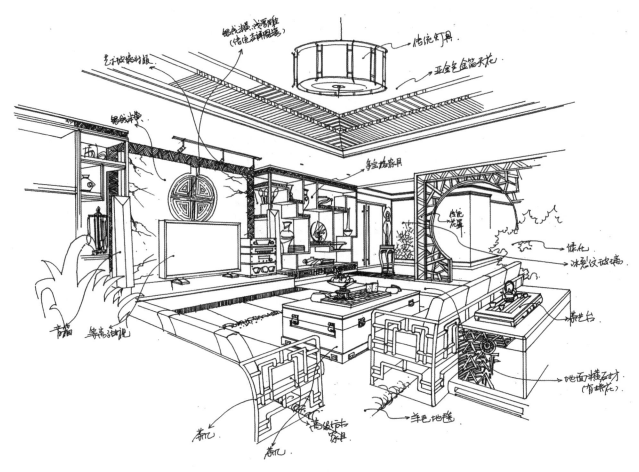

图 2-43　室内两点透视手绘表现图 1（文健　作）

图 2-44　室内两点透视手绘表现图 2（沙沛　作）

图 2-45　室内两点透视手绘表现图 3（吴世铿　作）

图 2-46　室内两点透视手绘表现图 4（王兆明　作）

## 二、徒手透视表现技法画法步骤

　　徒手透视表现技法是指在标准透视法的作图基础上，运用徒手表现的方式，更加快捷省时地绘制出一幅手绘效果图的方法。徒手透视表现技法强调以概括的手法，删繁就简，在不借助尺规工具的前提下，快速而有效地把室内空间效果表达出来。徒手透视表现技法的画法步骤如下。

　　（1）用铅笔按照透视原理勾画空间轮廓。要求作画者先将基本的空间构图确定下来，并且将主要的透视关系交代清楚；然后从画面的视觉中心开始，用钢笔勾画物体轮廓。要求在透视关系准确的前提下，表现出钢笔线条的美感和物体的质感，以及室内空间的光影变化规律。如图2-47（a）所示。

　　（2）在勾画完画面中心部位的物体后，按照由远及近的步骤，从室内空间的远处开始向近处逐层刻画其他物体。刻画时应该尽量细致，将室内主要陈设的质感、光感充分表达出来。如图2-47（b）所示。

　　（3）将画面最后的部分绘制完整，并调整好画面的虚实和主次关系。如图2-47（c）所示。

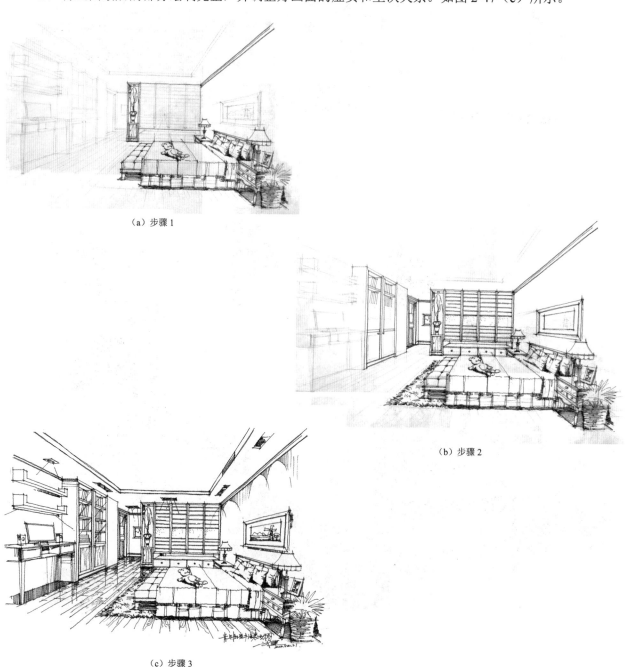

（a）步骤1

（b）步骤2

（c）步骤3

图2-47　徒手透视法表现技法画法步骤（文健　作）

室内快速透视表现图的着色步骤主要有以下几步。

（1）运用灰色马克笔将室内空间的素描关系表达出来。如图2-48（a）所示。

（2）运用咖啡色的马克笔和彩色铅笔将室内的木质材料表达出来，运用蓝色、紫灰色的马克笔和彩色铅笔将室内的玻璃表达出来，运用绿色的马克笔和彩色铅笔将室内的植物表达出来。如图2-48（b）所示。

（3）调整和完善室内空间的色彩关系，丰富色彩细节。如图2-48（c）所示。

（a）步骤1

（b）步骤2

（c）步骤3

图2-48　室内快速透视表现图的着色步骤（文健、林壮荣　作）

其他室内快速透视表现图的着色如图2-49～图2-51所示。

图2-49　室内快速透视表现图的着色图1（文健　作）

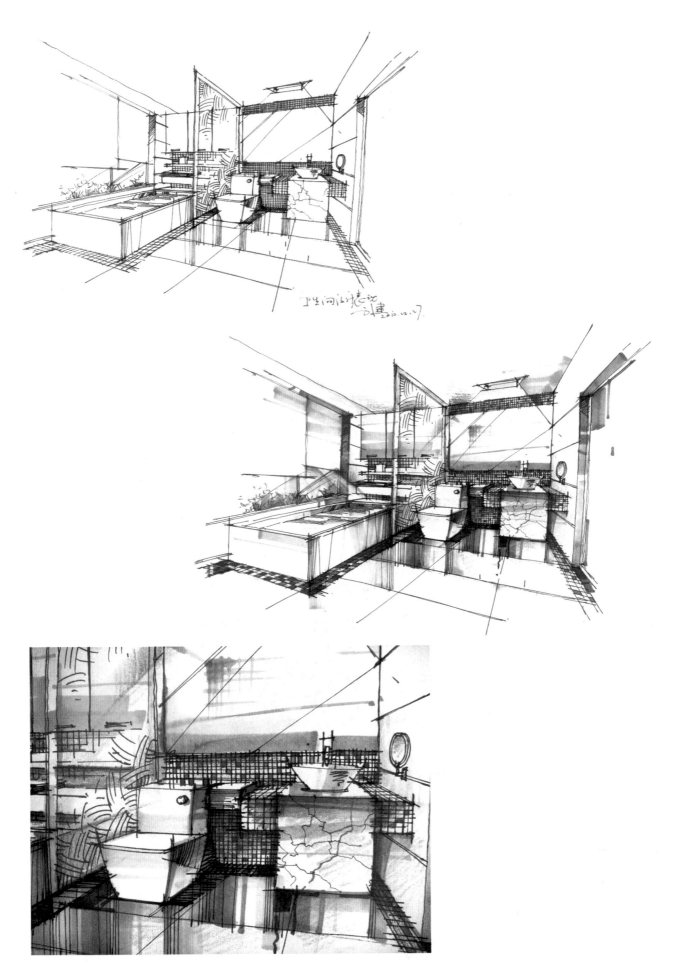

图 2-50　室内快速透视表现图的着色图 2（文健　作）

图 2-51 室内快速透视表现图的着色图 3（文健 作）

1. 绘制 2 幅室内一点透视表现图。

2. 绘制 2 幅室内两点透视表现图。

## 项目三　掌握室内家装空间手绘表现图的绘制技巧

## 任务1　掌握客厅手绘表现图的画法技巧

**【学习目标】**

1. 了解客厅空间设计的基本知识;

2. 掌握不同风格客厅手绘表现图的表现技巧。

**【教学方法】**

1. 讲授、课堂提问结合课堂示范,通过案例教学法启发和引导学生思维,同时为学生提供充足的动手练习时间,培养学生的自我学习能力;

2. 遵循教师为主导、学生为主体的原则,采用多种教学方法激发学生的学习积极性,变被动学习为主动学习。

**【学习要点】**

1. 掌握客厅电视背景墙的设计和绘制技巧;

2. 掌握不同风格客厅手绘表现图的表现技巧。

### 一、客厅空间设计

客厅又称"起居室",是家庭团聚、消遣娱乐和会客的场所。客厅设计时要注意对室内动线的合理布置,交通设计要流畅,出入要方便,避免斜插聚谈区而影响会谈。客厅空间设计时可对原有不合理的建筑布局进行适当调整,使之更符合空间尺寸要求。客厅的陈设可以体现主人的爱好和审美品位,可根据客厅的风格来配置。古典风格客厅配置古典陈设品,现代风格客厅配置现代陈设品,这些形态各异的陈设品在客厅中往往能起到画龙点睛的作用,使客厅看上去更加生动、活泼。

客厅空间设计时还要注意对天花、墙面和地面三个界面的处理。客厅天花设计时可根据室内空间的高度来进行设计:空间高度较低的客厅不宜吊顶,以简洁平整为主;空间高度较高的客厅可根据具体情况吊二级顶、三级顶等。天花的色彩宜轻不宜重,以免造成压抑的感觉。如图3-1所示。

客厅的墙面通常用浅色大理石、镜面(银镜、灰镜和黑镜)、墙纸或木饰面板来装饰。电视背景墙是装饰的重点,造型可以适当丰富些。靠阳台(或花园)的墙面以大玻璃开窗或玻璃推拉门为主,这样可以使客厅获得充足的采光和清新的空气,保证客厅的空气流通,并调节室温。沙发背后的墙面也要精心设计和处理,其造型、色彩和材质要与客厅的整体风格吻合,也要与电视背景墙相呼应。如图3-2所示。

客厅的地面常用耐脏、易清洁、光泽度高、色泽较浅的抛光大理石或抛光砖,地面可通过不同的拼花来丰富视觉效果。沙发区还可通过铺设地毯来聚合空间,并美化室内环境。客厅内可适当摆设绿色植物,既可以净化空气,又可以消解视觉疲劳。

客厅的主要功能区域可以划分为聚谈区和视听活动区两大部分。

**1. 聚谈区**

客厅是家庭成员团聚和交流感情的场所,也是家人与客人会谈交流的场所,一般采用几组沙发或座椅围合成一个聚谈区域来实现。客厅沙发或座椅围合形式一般有单边形、L形、U形等。如图3-3～图3-5所示。

图 3-1　广州麓湖山庄程小姐别墅客厅设计（文健、吴伟　作）

图 3-2　广州增城凤凰城徐总别墅客厅设计（文健　作）

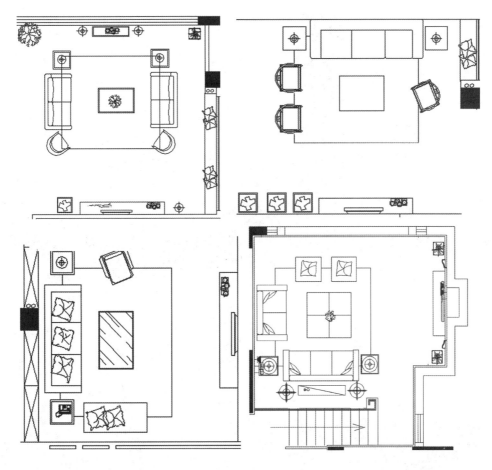

图 3-3　客厅沙发组合 1

图 3-4　客厅沙发组合 2

图 3-5　客厅沙发组合 3

**2. 视听活动区**

视听活动区是客厅视觉注目的焦点。现代住宅愈来愈重视视听活动区的设计，其设计主要根据沙发主座的朝向而定。通常，视听活动区布置在主座的迎立面或迎立面的斜角范围内，以使视听活动区构成客厅空间的主要目视中心，并烘托出宾主和谐、融洽的气氛。

视听活动区一般由电视柜、电视背景墙和电视视听组合等部分组成。电视背景墙是客厅中最引人注目的一面墙，是客厅的视觉中心。电视背景墙是为了弥补客厅中电视机背景墙面的空旷，同时可以起到客厅修饰的作用，可以通过别致的材质、优美的造型来表现。电视背景墙主要有以下几种形式。

（1）古典对称式：通过立面造型的左右一致效果来实现整体立面造型的均衡和协调。中式、欧式风格都讲究对称布局，具有庄重、稳定、和谐的感觉。

（2）重复式：利用某一视觉元素的重复出现来表现造型的形式。用来造型的视觉元素可以是点，也可以是线和面，可以使整个立面造型更具秩序感、节奏感和韵律感。

（3）材料多样式：利用不同装饰材料的质感差异（如大理石的坚硬感、镜面的光亮感、木饰面板的亲切感等），使造型相互突出，相映成趣。

（4）深浅变化式：通过色彩的明暗和材料的深浅变化来表现造型的形式。这种形式强调主体与背景的差异：主体深，则背景浅；主体浅，则背景深。两者相互突出，相映成趣。

（5）形状多变式：利用形状的变化和差异来突出造型，如大与小的变化、长与短的变化、曲与直的变化、凹与凸的变化、方与圆的变化等。

视听活动区的设计如图 3-6 ～图 3-8 所示。

图 3-6　视听活动区的设计 1

图 3-7　视听活动区的设计 2

图 3-8　视听活动区的设计 3

## 二、客厅手绘表现

客厅的风格多样，有优雅、高贵、华丽的古典式；有简约、时尚、浪漫的现代式；有朴素、休闲的自然式。客厅手绘表现图如图3-9～图3-18所示。

图 3-9　客厅手绘表现图 1（学生作品）

图 3-10 客厅手绘表现图 2（学生作品）

图 3-11 客厅手绘表现图 3（许志军、杨健 作）

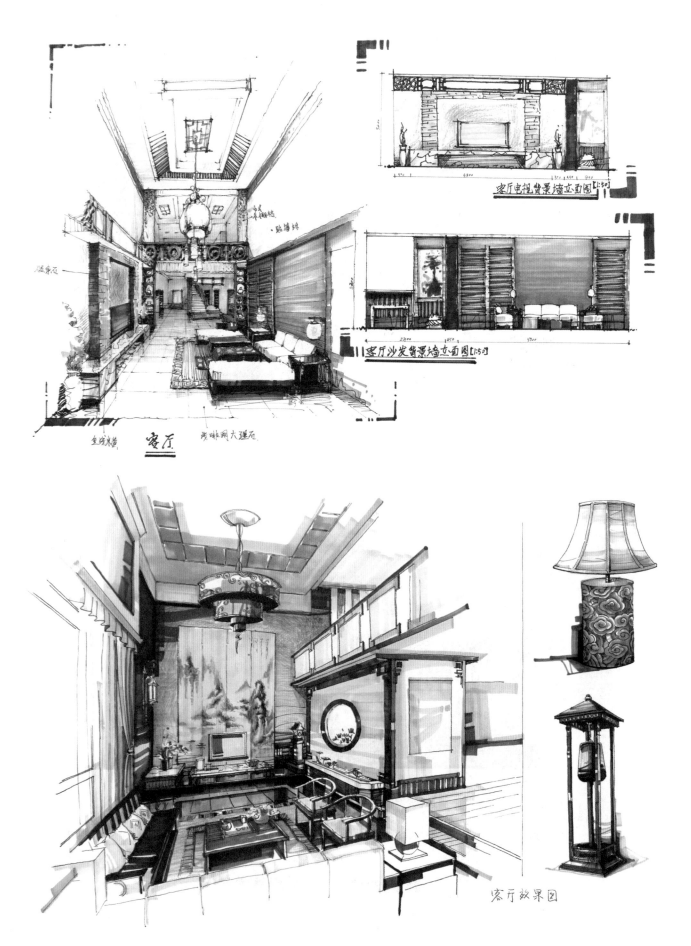

客厅电视背景墙立面图[1:50]

客厅沙发背景墙立面图[1:50]

客厅效果图

图 3-12　客厅手绘表现图 4（学生作品）

图 3-13  客厅手绘表现图 5（2012 年广东省"和谐杯"室内设计手绘大赛获奖学生作品，一等奖）

图 3-14 客厅手绘表现图 6（2012 年广东省"和谐杯"室内设计手绘大赛获奖学生作品，一等奖）

图 3-15　客厅手绘表现图 7（连柏慧　作）

图 3-16　客厅手绘表现图 8 ［（沙沛（上图）、刘明（下图）　作）］

图 3-17　客厅手绘表现图 10（2012 年广东省"和谐杯"室内设计手绘大赛获奖学生作品，二等奖）

图 3-18 客厅手绘表现图 9（周璐 作）

1. 客厅的主要功能区域有哪些？
2. 绘制两幅客厅手绘表现图。

# 任务 2  掌握主卧室手绘表现图的画法技巧

【学习目标】

1. 了解主卧室空间设计的基本知识；
2. 掌握不同风格主卧室手绘表现图的表现技巧。

【教学方法】

1. 讲授、课堂提问结合课堂示范，通过案例教学法启发和引导学生思维，同时为学生提供充足的动手练习时间，培养学生的自我学习能力。
2. 遵循教师为主导、学生为主体的原则，采用多种教学方法激发学生的学习积极性，变被动学习为主动学习。

【学习要点】

1. 掌握主卧室背景墙的设计和绘制技巧；
2. 掌握不同风格主卧室手绘表现图的表现技巧。

主卧室是住宅主人的私人生活空间，在设计时应遵循以下两个原则。一是要满足休息和睡眠的要求，营造出安静、祥和的气氛，尽量选择吸声的材料，如海绵布艺软包（或皮革软包）、木地板、墙纸（或墙布）和地毯等；也可以采用纯净、静谧的色彩来营造宁静气氛。二是要设计出尺寸合理的空间。主卧室的空间面积每人不应小于 6 m²，高度不应小于 2.4 m，否则就会使人感到压抑和局促。

主卧室按功能区域可划分为睡眠区、梳妆阅读区和衣物贮藏区三部分。睡眠区由床、床头柜和床头背景墙组成。床应尽量靠墙摆放，其他三面临空。床不宜正对门，否则产生房间狭小的感觉；开门见床也会影响私密性。床应适当离开窗口，这样可以降低噪声和保证顺畅交通。一般来说，床的设计尺寸高度为 430 mm，长度为 2 100 mm，宽度为 1 000 ～ 1 200 mm（单人床）、1 500 ～ 2 000 mm（双人床）。床头柜和台灯是床的附属物件，一般配置在床的两侧。一般来说，床头柜的设计尺寸高度为 430 mm，长度和宽度均为 400 ～ 500 mm。床头背景墙是卧室的视觉中心，其设计以简洁、实用为原则，可采用等分的皮革软包或硬包、贴墙纸和贴饰面板等装饰手法。梳妆阅读区主要布置梳妆台、梳妆镜和学习工作台等。衣物贮藏区主要布置衣柜和储物柜，衣柜常采用导轨式推拉门，造型样式要与卧室整体风格相协调。

主卧室的天花可装饰简洁的石膏脚线，如有梁需做局部吊顶来遮掩，以免造成梁压床的不良视觉效果；若空间的高度允许，也可以做二级或三级吊顶，辅以暗藏灯光，增添天花的层次感。地面常采用木地板（实木或强化复合木），可局部铺设地毯，以增强吸音效果。

主卧室的采光宜用间接照明，可在天花上布置吸顶灯以柔化光线。筒灯的光温馨柔和，可作为主卧室的光源之一。台灯的光线集中，适于床头阅读。主卧室的灯光照明应营造出宁静、温馨、宜人的气氛。

主卧室宜采用和谐统一的色彩，暖色调温暖、柔和，可作为主色调。主卧室是睡眠的场所，应使用低纯度、低彩度的色彩。主卧室的风格样式应与其他室内空间保持一致，可以选择古典式、现代式和自然式等多种风格样式。

主卧室设计平面图如图 3-19 所示，主卧室空间手绘表现图如图 3-20 ～图 3-30 所示。

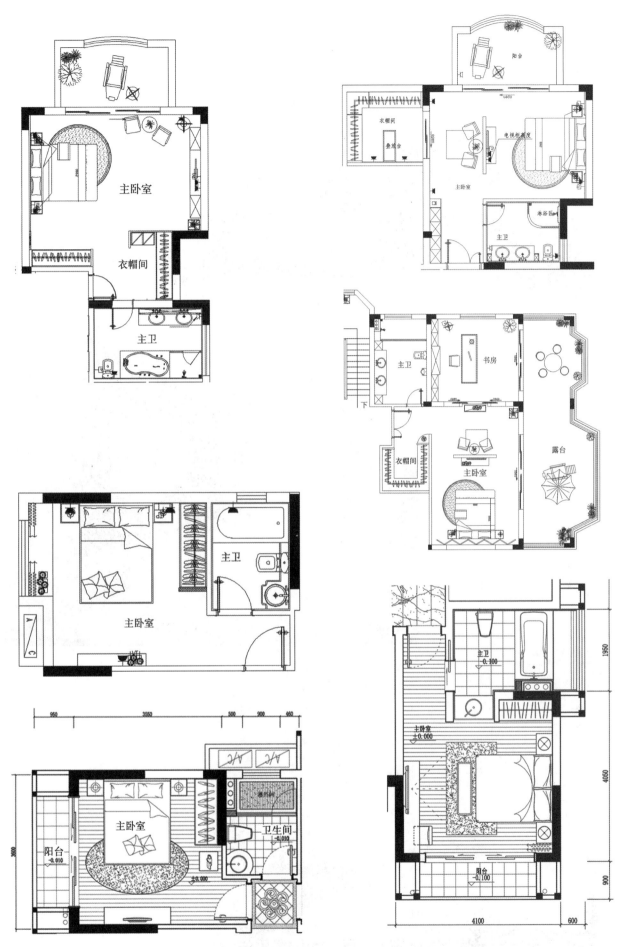

图 3-19  主卧室设计平面图（文健 作）

图 3-20　主卧室空间手绘表现图 1

（文健、吴伟　作）

图 3-21　主卧室空间手绘表现图 2

图 3-22　主卧室空间手绘表现图 3

图 3-23　主卧室空间手绘表现图 4

图 3-24　主卧室空间手绘表现图 5

图 3-25　主卧室空间手绘表现图 6

图 3-26 主卧室空间手绘表现图 7（学生作品）

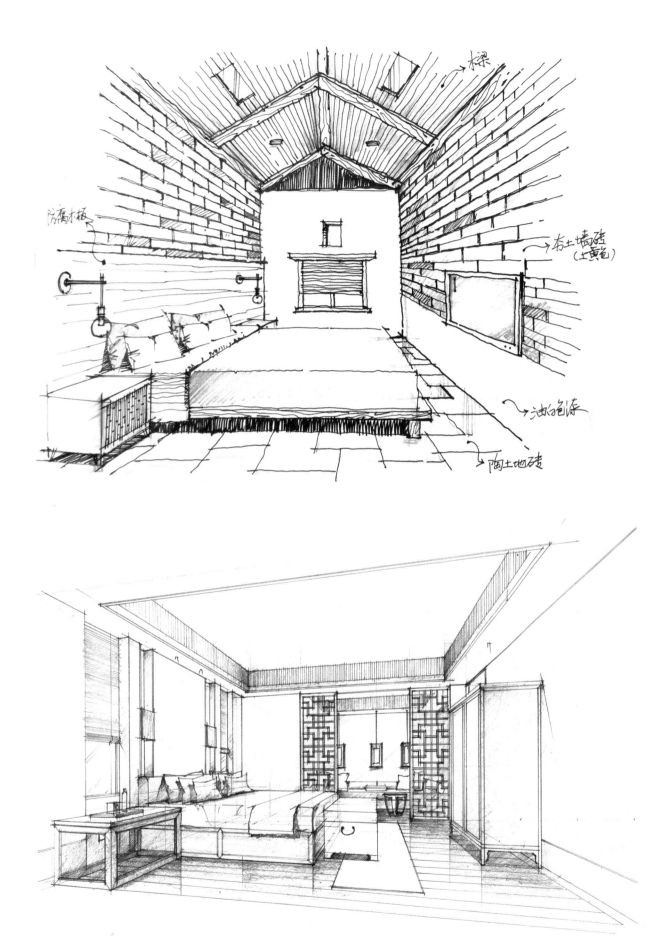

图 3-27　主卧室空间手绘表现图 8（文健　作）

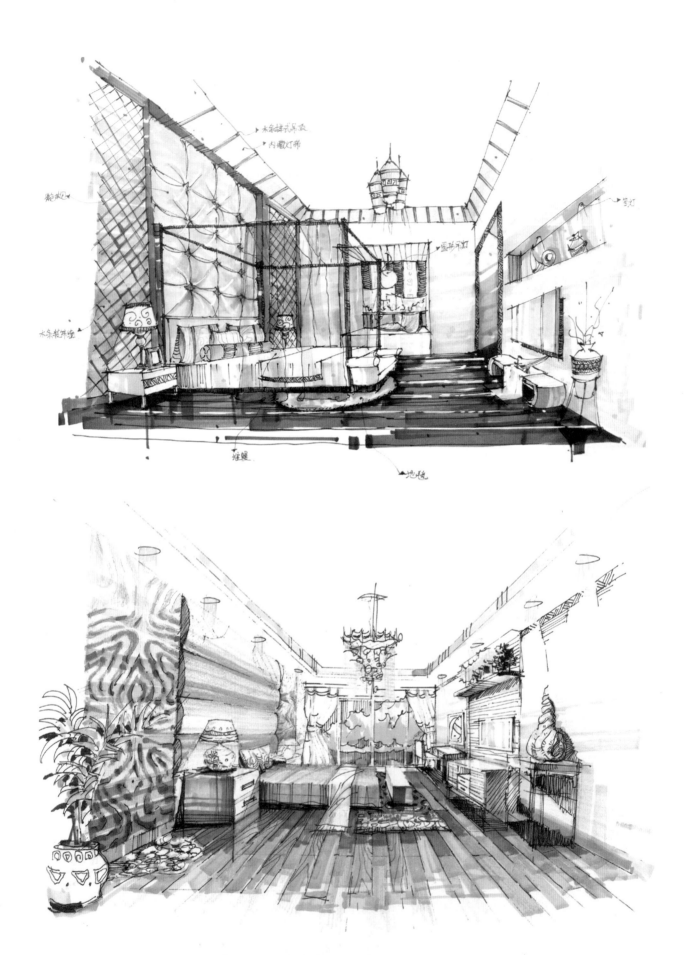

图 3-28　主卧室空间手绘表现图 9（赖丽　作）

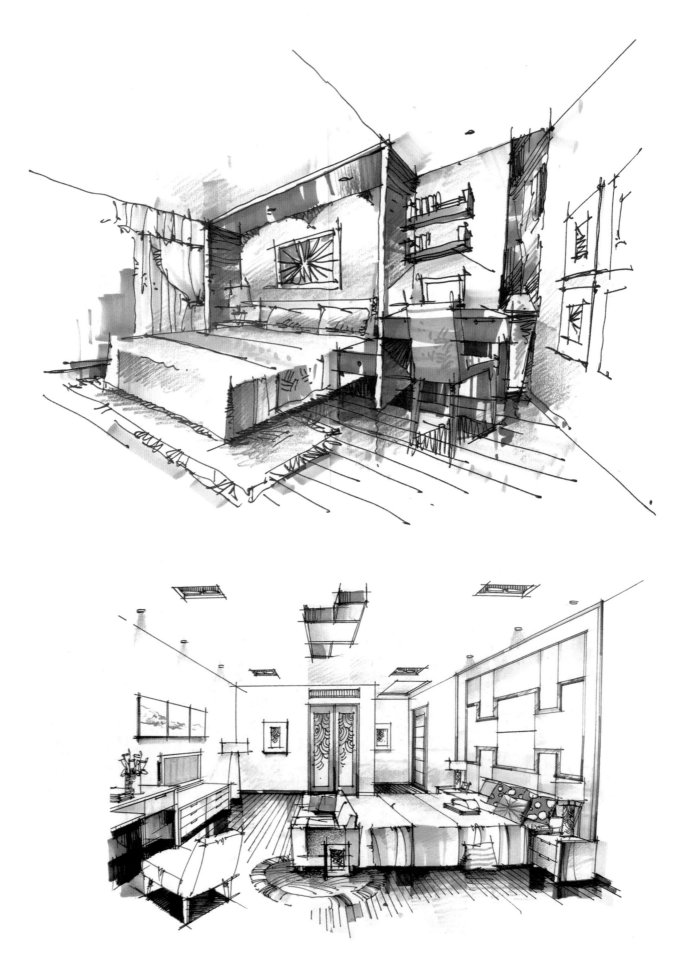

图 3-29 主卧室空间设计与手绘表现图 10（文健 作）

图 3-30　主卧室空间手绘表现图 11（学生作品）

1. 主卧室的功能区域主要有哪些？
2. 绘制 2 幅主卧室空间手绘表现图。

# 任务 3　掌握儿童卧室手绘表现图的画法技巧

【学习目标】

1. 了解儿童卧室空间设计的基本知识；
2. 掌握不同主题儿童卧室手绘表现图的表现技巧。

【教学方法】

1. 讲授、课堂提问结合课堂示范，通过案例教学法、分组讨论法启发和引导学生思维，同时为学生提供充足的动手练习时间，培养学生的自我学习能力；
2. 遵循教师为主导、学生为主体的原则，采用多种教学方法激发学生的学习积极性，变被动学习为主动学习。

【学习要点】

1. 掌握儿童卧室的设计创作技巧；
2. 掌握不同主题儿童卧室手绘表现技巧。

## 一、儿童卧室空间设计

儿童卧室是儿童成长和学习的场所。在设计时要充分考虑儿童的年龄、性别和性格特征，围绕儿童特有的天性来设计。儿童卧室设计的宗旨是"让儿童在自己的空间内健康成长，培养独立的性格和良好的生活习惯"。

儿童卧室设计时应考虑幼儿期和青少年期两个不同年龄阶段的性格特点，针对不同年龄阶段的生理、心理特征来进行设计。

### 1. 幼儿期

在设计幼儿期儿童卧室时，安全性是首先要考虑的问题。家具要做成圆角；尽量不要使用大面积的玻璃和镜子；电源插座应设置在远离孩子的高度，并选用带插座罩的插座。此外，还要重视睡眠区的安全，如设置高低床时，要保证高床的有效遮挡，防止儿童睡眠时翻身滚落。儿童卧室内要有充足的游戏空间，并摆放各种玩具供其玩耍。可划分出一块供儿童独立生活玩耍的区域，地面上铺木地板或泡沫地板，墙面上装饰五彩的墙纸或留给儿童自己涂抹的生活墙。房间内的家具应富有趣味性，色彩艳丽、大方，有助于启发儿童的想象力和创造力。卧室的墙面和天花可运用仿生的设计原理，设计成树木、花朵、海浪等造型。

### 2. 青少年期

青少年富于幻想，好奇心强，读书、写字成为生活中必行的事情。因此，在房间内要专门设置学习区域，学习区域由写字台（或电脑台）、书架、书柜、学习椅和台灯等共同组成。书架和书柜的造型丰富多样，长方形、曲线形、圆形都可以，还可以做成悬挂的样式。

青少年期是学习的黄金时期，也是培养少年优良品质、发展优雅爱好、陶冶高尚情操的时期，在房间布置上应把握立志奋发的主题，如在墙上悬挂一些名言警句，在桌上摆放象征积极向上的工艺品等。房间的色彩应体现出男女的差异，男生比较喜欢蓝色、青绿色等冷色；女生则比较喜欢粉红、苹果绿、紫红、橙等暖色。

## 二、儿童卧室空间设计与手绘表现

儿童卧室空间设计与手绘表现应注意以下几个问题。

（1）在设计之前要先确立一个主题，如围绕儿童喜闻乐见的经典动画片、汽车、动物、植物等来确定。

主题确立之后，可以通过网络或图书资料收集相关的设计素材，为绘制整体空间手绘图做好准备。

（2）绘制幼儿期的卧室空间手绘图时，色彩要尽量鲜艳，表现出整个空间的活力；青少年期的卧室空间手绘图则要求色彩素雅一些。

（3）绘制儿童卧室空间手绘图时，要注意儿童家具尺寸与成人家具尺寸的差别，如成人家具的床长2 100 mm，儿童家具只需1 700 mm。

儿童卧室空间图设计如图 3-31 所示，儿童卧室手绘表现图如图 3-32～图 3-42 所示。

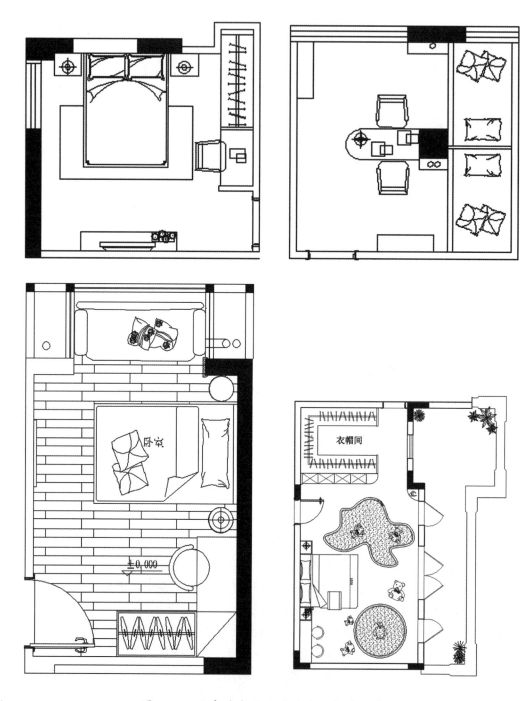

图 3-31　儿童卧室平面图设计（文健　作）

图 3-32　儿童卧室手绘表现图 1

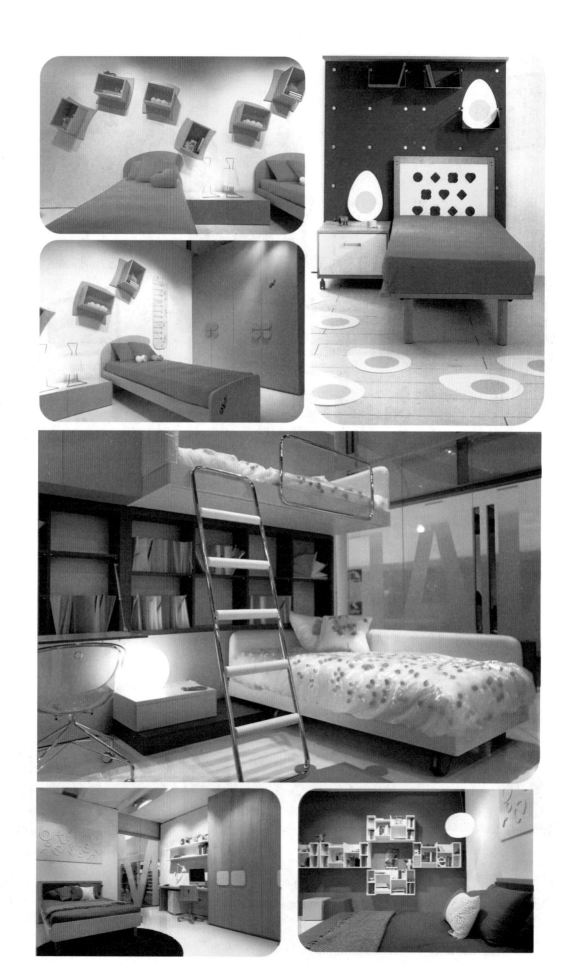

图 3-33 儿童卧室手绘表现图 2

图 3-34　儿童卧室手绘表现图 3（文健　作）

图 3-35　儿童卧室手绘表现图 4（文健　作）

图 3-36　儿童卧室手绘表现图 5

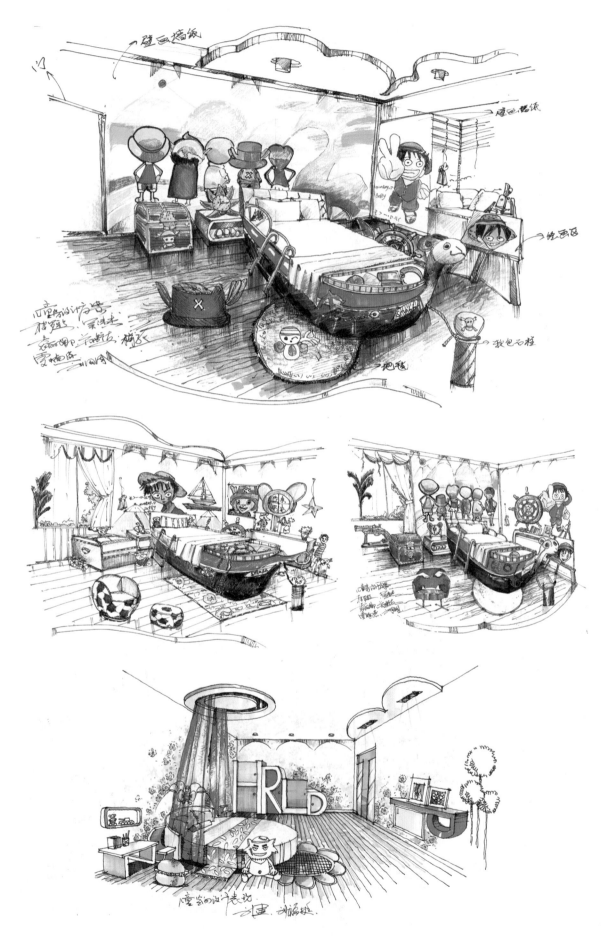

图 3-37　儿童卧室手绘表现图 6

图 3-38　儿童卧室手绘表现图 7

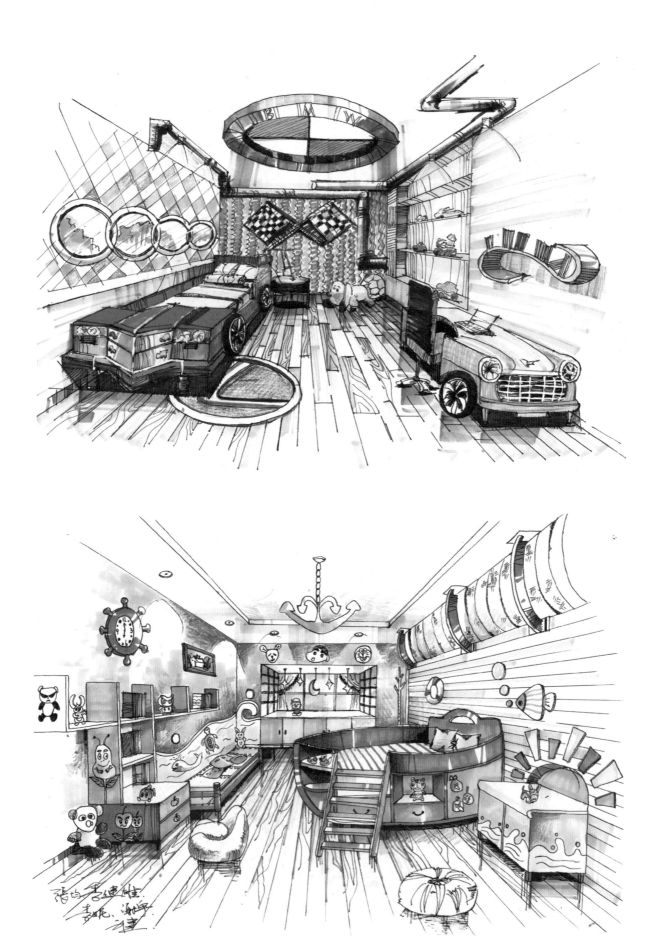

图 3-39　儿童卧室手绘表现图 8

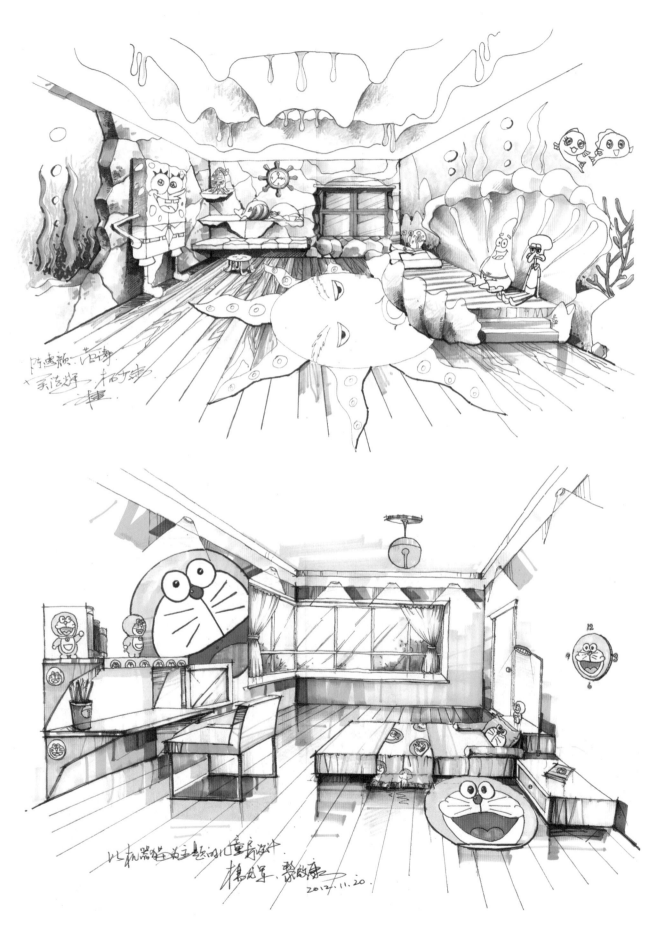

图 3-40　儿童卧室手绘表现图 9（学生作品）

图 3-41　儿童卧室手绘表现图 10（学生作品）

图 3-42　儿童卧室手绘表现图 11（学生作品）

1. 幼儿期儿童卧室的设计要点有哪些？

2. 绘制 2 幅儿童卧室手绘表现图。

# 项目四 掌握室内公装空间手绘表现图的绘制技巧

## 任务1　掌握办公空间手绘表现图的画法技巧

**【学习目标】**

1. 了解办公空间设计的基本知识；
2. 掌握办公空间手绘表现图的表现技巧。

**【教学方法】**

1. 讲授、课堂提问结合课堂示范，通过案例教学法启发和引导学生思维，同时为学生提供充足的动手练习时间，培养学生的自我学习能力。

2. 遵循教师为主导、学生为主体的原则，采用多种教学方法激发学生的学习积极性，变被动学习为主动学习。

**【学习要点】**

1. 掌握办公空间的设计和绘制技巧；
2. 掌握办公空间中经理室和会议室的手绘表现技巧。

### 一、办公空间设计

办公室是指处理工作事务、办理公共事务的场室。办公空间的功能主要由以下几个部分构成。

（1）主要办公空间：是办公空间的核心，分为小型办公空间、中型办公空间和大型办公空间三种。小型办公空间的私密性和独立性较好，面积为 40 m² 左右，适合专业管理型的办公需求；中型办公空间对外联系方便，对内部联系密切，面积为 50～150 m²，适合组团型的办公方式；大型办公空间既有一定的独立性又有较为密切的联系，各部分的分区相对灵活自由，面积在 150 m² 以上，适合各个组团共同作业的办公方式。

（2）公共接待空间：主要指用于办公楼内进行聚会、展示、接待和会议等活动需求的空间。其包括接待室、会客室、会议室及各类展示厅、资料阅览室、多功能厅等。

（3）交通联系空间：主要指用于办公楼内交通的空间，分为水平交通联系空间和垂直交通联系空间。水平交通联系空间指门厅、大堂、走廊等空间；垂直交通联系空间指电梯、楼梯和自动扶梯等。

（4）配套服务空间：为主要办公空间提供服务的辅助空间。其包括资料室、档案室、文印室、电脑机房、晒图室、员工餐厅、茶水间、卫生间、空调机房、电梯机房、保卫监控室、后勤管理办公室等。

办公空间设计的宗旨是创造一个良好的办公环境。一个成功的办公空间设计，其平面功能布置、采光与照明、空间界面处理、色彩选择、家具与空间氛围营造等，均处理得当。

（1）办公空间设计首先要考虑经济实用，一方面要满足实用要求，给办公人员的工作带来方便；另一方面要尽量降低费用，追求最佳的功能费用比。其次，要美观大方，能够充分满足人的生理需要和心理需要，创造出一个赏心悦目的良好工作环境。最后，要独具品位，要努力体现企业精神文化，反映企业的特色和形象，对置身其中的工作人员产生积极、和谐的影响。

（2）办公空间平面功能的布置应充分考虑家具及设备的尺寸，以及人员使用家具及设备时必要的活动尺度。

（3）根据通风管道及空调系统的使用，符合人工照明和声学方面的要求，办公空间的室内净高一般为 2.4 ～ 2.6 m，使用空调的办公空间不低于 2.4 m。智能化办公空间净高为：甲级 2.7 m，乙级 2.6 m，丙级 2.5 m。

（4）办公空间室内界面处理宜简洁、大方，着重营造空间的宁静气氛。应考虑到便于各种管线的铺设、更换、维护和连接等需求。隔断屏风不宜太高，要保证空间的连续性。

（5）办公空间的室内色彩设计宜朴素、淡雅，各界面的材质选择应便于清洁，室内照明一般采用人工照明和混合照明的方式来满足工作的需求。

（6）要综合考虑办公空间的物理环境，如噪声控制、空气调节和遮阳隔热等问题。

## 二、办公空间设计与手绘表现

办公空间设计与手绘表现如图 4-1 ～图 4-11 所示。其中，图 4-1 中，其设计风格以现代简约主义为主要样式，造型简洁，直线条使用较多，色彩明快大方，主次分明。室内的材料包括饰面板、喷砂玻璃、地毯、大理石等。

图 4-1　办公空间设计与手绘表现图 1（文健、陈游　作）

图 4-2 办公空间设计与手绘表现图 2（文健、陈游 作）

图 4-3　办公空间设计与手绘表现图 3

图 4-4　办公空间设计与手绘表现图 4

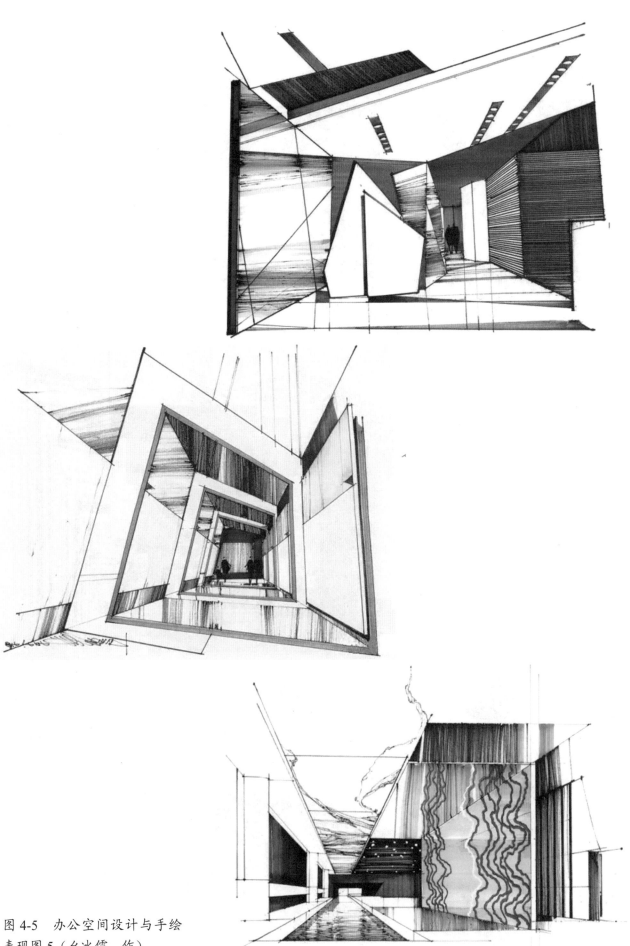

图 4-5　办公空间设计与手绘
表现图 5（幺冰儒　作）

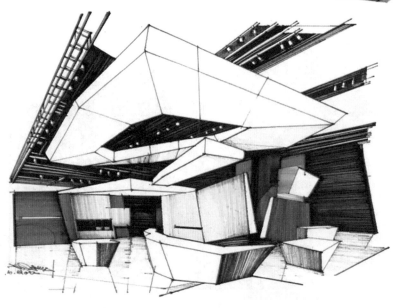

图 4-6 办公空间设计与手绘
表现图 6（幺冰儒 作）

图 4-7 办公空间设计与手绘
表现图 7 (幺冰儒 作)

图 4-8 办公空间设计与手绘表现图 8（学生作品）

图 4-9　办公空间设计与手绘表现图 9（幺冰儒　作）

图 4-10　办公空间设计与手绘表现图 10（钟志军　作）

图 4-11　办公空间设计与手绘表现图 11（广州集美组作品）

 思 考 与 练 习 题

1. 办公空间设计应考虑哪些问题？

2. 绘制 2 幅办公空间设计与手绘表现图。

# 任务 2　掌握餐饮空间手绘表现图的画法技巧

【学习目标】

1. 了解餐饮空间设计的基本知识；
2. 掌握不同功能的餐饮空间手绘表现图的表现技巧。

【教学方法】

1. 讲授、课堂提问结合课堂示范，通过案例教学法启发和引导学生思维，同时为学生提供充足的动手练习时间，培养学生的自我学习能力；
2. 遵循教师为主导、学生为主体的原则，采用多种教学方法激发学生的学习积极性，变被动学习为主动学习。

【学习要点】

1. 掌握餐饮空间的设计和绘制技巧；
2. 掌握中式餐厅和西式餐厅手绘表现技巧。

## 一、餐饮空间设计

餐饮空间的经营内容非常广泛，不同的民族、地域和文化，其饮食习惯也不相同。餐饮空间按经营内容可分为中式餐厅、西式餐厅、宴会厅、快餐厅、酒吧与咖啡厅、风味餐厅和茶室等。

餐饮空间设计时应注意以下问题。

（1）餐饮空间的面积可根据餐厅的规模与级别来综合确定，一般按 $1.0 \sim 1.5 \ m^2/$ 座来计算。餐厅面积指标的确定要合理：指标过小，会造成拥挤、堵塞；指标过大，会造成面积浪费、利用率不高和增大工作人员的劳动强度等问题。

（2）备餐间的出入口应处理得较为隐蔽，同时还要避免厨房气味和油烟进入用餐区。

（3）顾客用餐活动路线与送餐服务路线应分开，避免重叠；同时还要尽量避免主要流线的交叉，送餐服务路线不宜过长，并尽量避免穿越其他用餐空间。在大型的多功能厅或宴会厅应以备餐廊代替备餐间，以避免送餐路线过长。

（4）在大型餐饮空间中应以多种有效手段（如绿化、屏风等）来划分和限定各个不同的用餐区，以保证各个区域的相对独立和减少相互干扰。

（5）餐饮空间设计应注意装饰风格与家具、陈设以及色彩的协调。地面应选择耐污、耐磨、易于清洁的材料。

（6）餐饮空间设计应创造出宜人的空间尺度、舒适的通风和采光等物理环境。

（7）餐饮空间的色彩多采用暖色调，以达到增进食欲的目的。不同风格的餐饮空间其色彩搭配也不尽相同。中式餐厅常用熟褐色、黄色、大红色和灰白色，营造出稳重、儒雅、温馨、大方的感觉；西式餐厅多采用粉红、粉紫、淡黄、赭石和白色，有些高档西式餐厅还施以描金，营造出优雅、浪漫、柔情的感觉；自然风格的餐饮空间多选用天然材质，如竹、石、藤等，给人以自然、休闲的感觉。

（8）绿化是餐饮空间设计中必不可少的内容，它可以为整个餐饮空间带来清新、舒适的感觉，增强空间的休闲效果。

（9）室内陈设的布置与选择也是餐饮空间设计的重要环节。室内陈设包括字画、雕塑和工艺品等，应根据设计需要精心挑选和布置，营造出空间的文化氛围，增加就餐的情趣。

## 二、餐饮空间设计与手绘表现

餐饮空间设计与手绘表现如图 4-12 ～图 4-25 所示。

　　餐厅以黄色、褐色、绿色和白色为主调，力求营造出清新、自然的就餐环境，使客人能放松身心，缓解疲劳。餐厅内的造型多运用仿生学的设计原理，将自然界的植物形状抽象化，变成设计所需的装饰图案，如莲藕形吊灯、花瓣形前台、树枝形隔断等。这些极具创意的设计形式，迎合了当代年轻人追求个性、崇尚新奇的性格特点，同时也为空间增添了几分情趣。

　　餐厅内的座椅采用实木，使空间更具天然的韵味；柱子采用凹凸设计加重复构成的手法，增添了空间的时尚气息；室内还通过天花吊饰及布艺、靠垫等软装饰物营造餐厅情调，并可根据不同的环境气氛要求调整装饰效果，避免单调感。

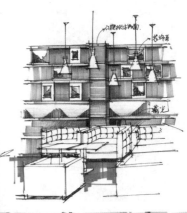

图 4-12　餐饮空间设计与手绘表现图 1（文健　作）

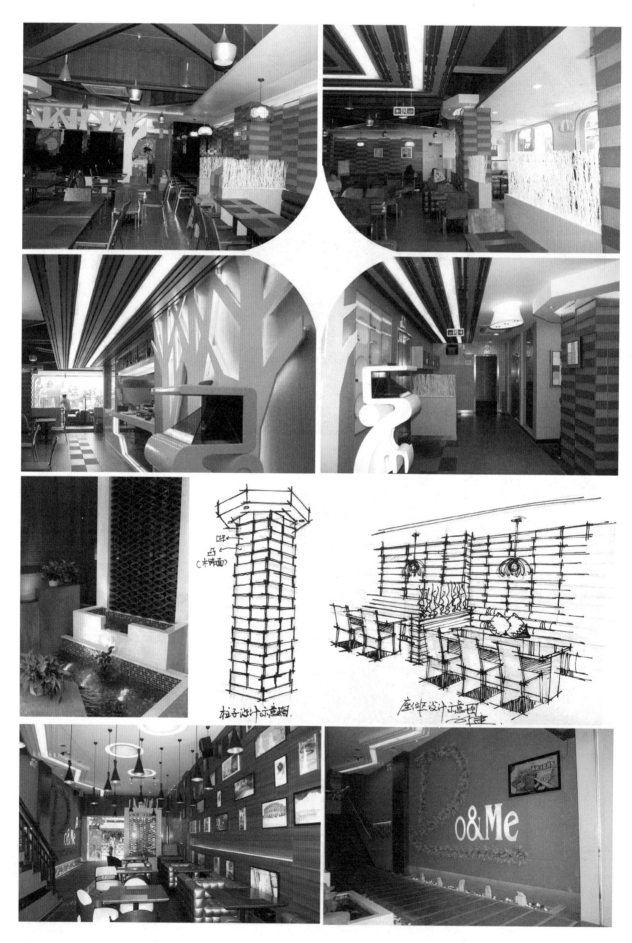

续图 4-12 餐饮空间设计与手绘表现图 2（文健 作）

图 4-13　餐饮空间设计与手绘表现图 3

图 4-14　餐饮空间设计与手绘表现图 4

图 4-15　餐饮空间设计与手绘表现图 5

图 4-16　餐饮空间设计与手绘表现图 6

## 湖南郴州苏仙宾馆百福厅设计

百福厅的设计以"福"字为主要设计元素展开：吊灯为"福"字形的水晶吊灯，墙上造型结合茶色镜和中式木雕花，中间镶嵌"福"字。整个大厅的色彩以暖色调为主调，显得雍容、华贵，富丽堂皇。

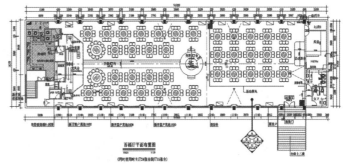

图 4-17　餐饮空间设计与手绘表现图 7

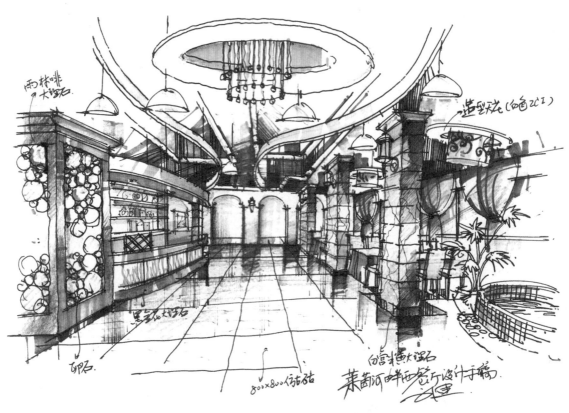

图 4-18　餐饮空间设计与手绘表现图 8

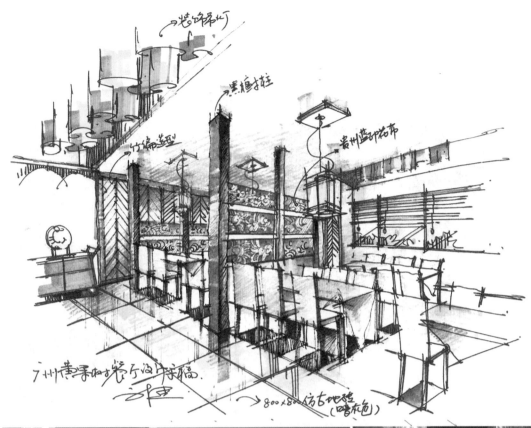

广州黄果树餐厅设计的主材以木材和藤编材料为主，展现出清新、自然的视觉效果。餐厅的色彩以木色、蓝色和红色为主调，稳重中不失艳丽，古朴但不呆板，营造出舒适、优雅、淳朴、自然的就餐环境。

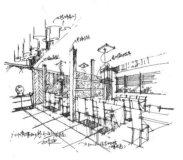

图 4-19　餐饮空间设计与手绘表现图 9

图 4-20　餐饮空间设计与手绘表现图 10（陈红卫（上图）、文健（下图）　作）

图 4-21　餐饮空间设计与手绘表现图 11（杨勇　作）

图 4-22 餐饮空间设计与手绘表现图 12（赵国斌 作）

图 4-23　餐饮空间设计与手绘表现图 13（钟志军　作）

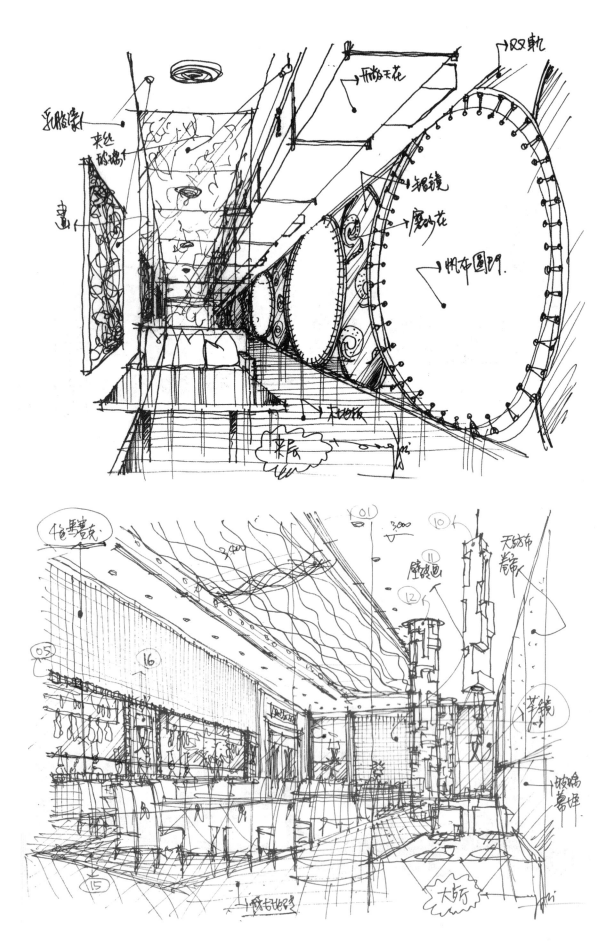

图 4-24　餐饮空间设计与手绘表现图 14（俞挺　作）

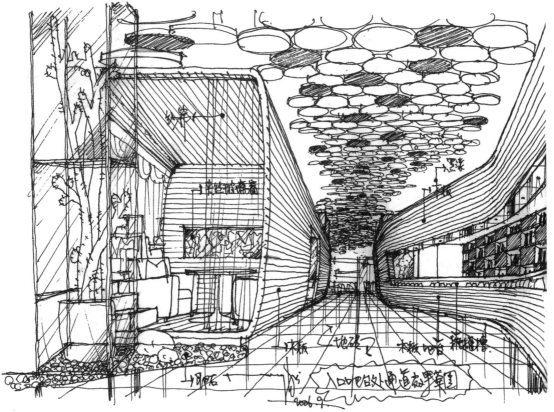

图 4-25　餐饮空间设计与手绘表现图 15（俞挺　作）

1. 餐饮空间设计时应注意哪些问题？

2. 绘制 2 幅餐饮空间设计与手绘表现图。

# 任务3　掌握酒店空间手绘表现图的画法技巧

【学习目标】

1.了解酒店空间设计的基本知识；

2.掌握不同功能的酒店空间手绘表现图的表现技巧。

【教学方法】

1.讲授、课堂提问结合课堂示范，通过案例教学法启发和引导学生思维，同时为学生提供充足的动手练习时间，培养学生的自我学习能力；

2.遵循教师为主导、学生为主体的原则，采用多种教学方法激发学生的学习积极性，变被动学习为主动学习。

【学习要点】

1.掌握酒店大堂空间的设计和绘制技巧；

2.掌握酒店客房的手绘表现技巧。

## 一、酒店的基本概念

"酒店"（hotel）一词来源于法语，当时的意思是贵族在乡间招待贵宾的别墅。时至今日，酒店的概念更加宽泛。一个具有国际水准的酒店，首先要有舒适安全并能吸引客人居住的客房，具有能提供有地方风味特色的各式餐厅；其次要有商业会议厅，配备洽谈时所需的现代化会议设备和办公通信系统；此外，还要有旅游者所需要的康乐中心，如游泳池、健身房、商品部、礼品部，以及综合服务部（如电传室、书店、花房、美容厅等）。

现代的酒店，应具备下列基本条件：

① 它是一座设备完善的众所周知且经政府核准的建筑；

② 它可以为旅客提供住宿与餐饮服务；

③ 它可以为旅客提供娱乐与休闲服务；

④ 它是营利性组织，要求取得合理的利润。

## 二、酒店的分类类

### 1.按营业类型分类

（1）商务型酒店。主要以接待从事商务活动的客人为主，是为商务活动提供服务的酒店。

（2）观光度假型酒店。主要以接待观光旅游度假的客人为主的酒店。多建在海滨、温泉、风景旅游区附近，其经营的季节性较强。

（3）长住型酒店。主要以为租居者提供较长时间的食宿服务为主的酒店。

（4）会议型酒店。主要以接待会议旅客为主的酒店，除提供食宿娱乐外还要为会议代表提供接送、会议资料打印、录像摄像、旅游等服务。

（5）经济型连锁酒店。主要以接待短期旅游出差者为主的酒店。

（6）公寓式酒店。意为"酒店式的服务，公寓式的管理"，既有酒店的性质又相当于个人的"临时住宅"。在公寓式酒店既能享受酒店提供的服务，又能享受居家的快乐。

### 2.按酒店建筑规模分类

按酒店建筑规模分类主要是以客房和床位的数量多少来区分，可以分为大、中、小型三种酒店。

（1）小型酒店。客房在300间以下。

（2）中型酒店。客房在 300 ～ 600 间。

（3）大型酒店。客房在 600 间以上。

### 3. 按酒店星级标准分类

（1）一星级酒店。设备简单，具备食宿两个最基本功能，能满足客人最简单的旅行需要，提供基本的后勤服务，属于经济实用型的酒店。

（2）二星级酒店。设施一般，除具备客房、餐厅等基本设施外，还有小卖部、邮电等综合服务设施。

（3）三星级酒店。设备较齐全，不仅提供食宿，还有会议室、游艺厅、酒吧间、咖啡厅、美容美发室等综合服务设施。

（4）四星级酒店。设备豪华，综合服务设施完善，服务项目多，服务质量优良，讲究室内环境艺术设计的品位。

（5）五星级酒店。这是酒店的最高等级，设备十分豪华，设施更加完善。除了房间设施豪华外，服务设施也较奢华。

## 三、酒店空间设计

酒店空间设计是一项综合性设计，涉及美学、材料学、声学、光学和环境学等相关知识。酒店的设计应注意以下一些问题。

（1）酒店设计前必须先完成市场调研、酒店选址、酒店定位、酒店规模档次确定、项目可行性分析等工作，设计单位最好介入酒店筹建的初期阶段。

（2）酒店设计要兼顾外观的美观、漂亮和内部功能规划、装修与装饰设计的合理性。设计团队要了解酒店各种设施的配备要求，设计出功能合理、方便实用的酒店功能空间。就酒店设计本身来说，其分工是极其精细的，设计团队的组成应该包括规划、市政、金融、市场、设备、消防、灯光、音响、室内建筑、装饰、艺术等至少十几个门类的专家和专业技术人员，甚至还有管理顾问、餐饮专家和保险公司的人员。酒店涉及的用品、设备和材料多达数万种，每一种都要由精通的行家来选择和处理。

（3）酒店设计包括功能布局及分区设计、总体规划与空间造型设计、内外景观及园林设计、室内装修界面设计、机电与管道系统设计、标志系统设计、交通组织设计等内容。这些内容往往由多家设计单位分项进行设计，再由多个施工单位进行施工，这些设计和施工需要进行系统性统筹。

（4）体现以人为本的设计理念。空间布局、交通组织和环境营建中尽量为客人提供周全、方便、优质的服务，创造高层次的文化品位和艺术氛围，但不能片面地追求珠光宝气，造成审美疲劳。豪华装修并不能代表高品位；追求高舒适度的同时，必须注意减少对资源的过度消耗和浪费。在室内设计和装饰风格的把握上，要走出烦琐、杂乱、堆砌、复制的误区，更多地展示传承、原创、理性和简约之美。

（5）尝试新技术、新材料和新设备的应用，体现鲜明的个性和地域特色，尊重所在地的文化传统，展现不同地域和民族的文化多样性。

（6）酒店大堂是酒店中最重要的区域，是酒店整体形象的体现。大堂的设计和装修要遵循以下三个原则。

① 酒店大堂的面积应与酒店客房的面积成比例。酒店的大堂并非越大、越高才气派。实际上，面积过大的厅堂，不仅会增加装修及运行成本，而且会显得冷清，不利于酒店的经营。

② 酒店大堂的装修风格应与酒店的定位及类型相吻合。如观光度假型酒店应突出轻松、休闲的特征；城市酒店的商务气氛则应更浓一些；时尚酒店的艺术及个性化氛围应更强烈一些。

③ 酒店大堂的流线设计要合理。酒店大堂的通道主要有两种流线：一种是服务流线，指酒店员工的后勤通道；另一种是客人流线，指进入酒店的客人到达各前台服务区域所经过的线路。设计中应严格区分两种流线，避免客人流线与服务流线的交叉。流线混乱不仅会增加管理难度，同时还会影响前台服务区域的效率。

（7）酒店设计应考虑网络化配置。酒店设计中要充分考虑网络化的问题，用网络来促进酒店的业务增长。酒店的内部网络可以帮助酒店的管理人员全盘掌握酒店的经营、管理情况。酒店每天的收入、酒店的日常支出都能在酒店的管理网络中得到及时体现。

（8）酒店设计应考虑时尚特点。所谓酒店的时尚特点，是指在酒店设计中融入了现代艺术的元素，一般来说，从色彩、线条、材质、光线、装饰品等几个方面来凸现设计的时尚理念。

（9）大堂酒吧是中高星级酒店中必备的功能场所之一，设计中应注意如下问题：

① 根据酒店的实际客人流量来规划大堂酒吧的面积；

② 要与服务后台紧密相连；

③ 设置相应的酒水吧台，满足客人的休闲餐饮需求；

④ 提供住宿客人的自助早餐和中午、晚上的特色自助餐；

⑤ 设计风格和造型样式应与酒店整体风格相吻合。

（10）酒店的公用卫生间也是设计中的一个重点，应注意以下问题：

① 卫生间的位置应隐蔽，开门不宜直接面对大堂，开门后应有过渡空间，不宜直接看见里面的活动；

② 水龙头和小便斗建议用感应式，这样比较卫生；

③ 坐厕应采用全封闭式，隔断应到顶，以增加私密性；

④ 小便斗前及坐厕后可增加艺术品的陈设；

⑤ 搭配材质和色彩和谐的石材或瓷砖可以有效地提升卫生间的档次；

⑥ 洗手台镜前的壁灯对于照明及效果的体现也很重要。

（11）酒店的各类家具要求既美观又舒适，应由设计师统一设计款式，并挑选材料，由家具厂统一定制；同时艺术品陈设更应由艺术品供应商在设计师的总体构想下定制。

（12）酒店的灯光设计应根据不同的功能区域来进行设计。酒店大堂空间，为显示酒店的庄重、豪华气派，常采用大型豪华的水晶吊灯来营造尊贵、高雅的品质；商务会议厅和报告厅，常采用柔和的灯光设计，以展现出宁静、优雅的洽谈氛围；自助餐厅和宴会厅，可以根据不同的风格和格调设置特色灯具，并结合间接照明和暗藏光效果来烘托就餐气氛；客房的灯光设计中，则以柔和、优雅为主，配置必要的筒灯、悬臂壁灯和落地灯即可。

（13）酒店的色彩设计应根据不同类型、不同风格的酒店来进行设计。以欧式豪华风格为主的星级酒店，普遍采用高贵、温馨的黄赭色为主调，营造出庄重、典雅的室内氛围；以突出个性为主的特色酒店、连锁酒店则更讲究色彩的视觉冲击力，往往采用鲜艳、活泼的色彩来达到离奇、新颖的效果。

酒店空间设计与手绘表现如图 4-26 ～图 4-36 所示。

### 广东清远索菲特酒店设计

　　索菲特酒店的整体设计风格以简欧式为主，大堂空间的柱子为简化后的柱式，既古典又雅致。大堂空间挑高三层，使整个空间气势恢宏，中心天花直径大，配上豪华水晶吊灯，展现出一派富丽堂皇的景象。酒店大堂的通风和采光都较好，整体色彩以浅色为主，使空间看上去更加开阔。酒店餐厅包房的设计则融合了中式传统风格，体现出一定的文化底蕴和民俗特色。

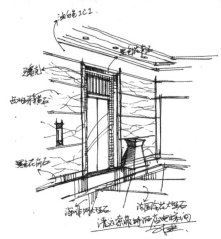

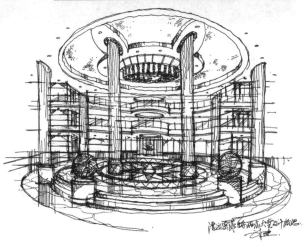

图 4-26　酒店空间设计与手绘表现图 1（文健　作）

索菲特酒店的宴会厅采用欧式古典风格，层高较高，吊顶大量采用石膏线条和水晶灯，营造出明亮、辉煌的视觉效果。中餐厅的设计则吸收了中国传统设计手法，以方与圆为主要造型样式，配合中式吊灯传达出一定的文化内涵。客房的设计简洁、实用，色彩素雅，色调明快，给人以简单、大方的感觉。客房的装饰材料主要是地毯、墙纸、木材等柔软性材料，营造出舒适、温馨的视觉效果和心理感受。

图 4-27　酒店空间设计与手绘表现图 2（文健　作）

首层空间除了设置接待区、展示区、会客区等基本功能区域外，还增加了品酒区、情景展示区、中心主题水景等区域，空间层次丰富，条理清晰。展板、展柜、展墙、实景展示等多种传播方式，展示了文君酒深厚的历史文化底蕴和丰厚的企业文化以及文君酒卓越的品质。多媒体展示与触摸屏查询等现代科技的合理运用，提升了文君酒的国际品牌形象。精准的尺度依据、层层递进的空间装饰效果，增强了产品展示的艺术氛围和品牌的亲和力。

注重空间的引导性和秩序感，室内空间的合理布局让来访者遵循特定的参观程序。序言开门见山、点题明意，使人对文君酒有一个初步印象。进入深邃悠长的主题中心水景区，两边柱体倾斜向上象征着企业无穷的力量与深厚的文化底蕴。

图 4-28　酒店空间设计与手绘表现图 3

图 4-29　酒店空间设计与手绘表现图 4

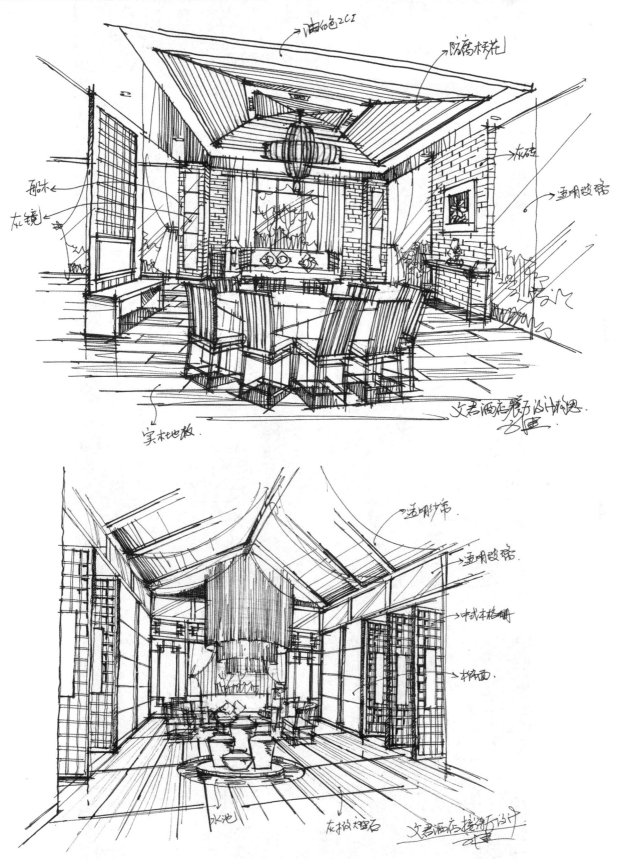

图 4-30　酒店空间设计与手绘表现图 5

實景圖片

图 4-31　酒店空间设计与手绘表现图 6

图 4-32　酒店空间设计与手绘表现图 7

图 4-33　酒店空间设计与手绘表现图 8

图 4-34　酒店空间设计与手绘表现图 9

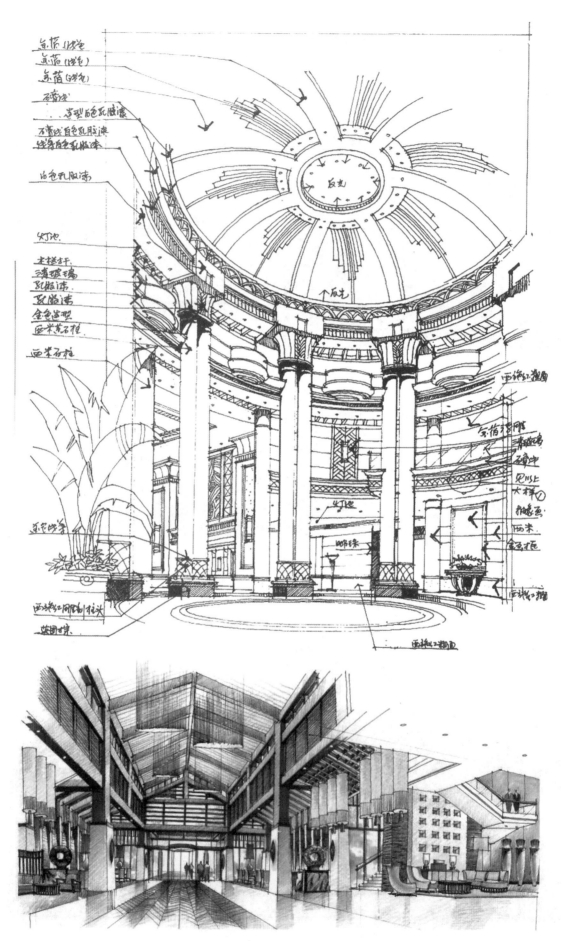

图 4-35 酒店空间设计与手绘表现图 10

图 4-36　酒店空间设计与手绘表现图 11

1. 酒店空间设计应注意哪些问题？
2. 绘制 3 幅酒店空间设计与手绘表现图。

# 任务4  掌握休闲会所空间手绘表现图的画法技巧

【学习目标】

1. 了解休闲会所空间设计的基本知识；

2. 掌握不同功能的休闲会所空间手绘表现图的表现技巧。

【教学方法】

1. 讲授、课堂提问结合课堂示范，通过案例教学法启发和引导学生思维，同时为学生提供充足的动手练习时间，培养学生的自我学习能力；

2. 遵循教师为主导、学生为主体的原则，采用多种教学方法激发学生的学习积极性，变被动学习为主动学习。

【学习要点】

1. 掌握休闲会所空间的设计和绘制技巧；

2. 掌握休闲会所的手绘表现技巧。

## 一、休闲会所空间概述

会所英文为"club"，音译为俱乐部。在17世纪的欧洲，世界上第一家会员制俱乐部诞生在英国的一个咖啡馆里。由于参与者有着相同的兴趣爱好，于是决定组成一种联盟，这就是私人会所诞生的雏形。随着时代的变迁，由于这种俱乐部为相同社会阶层的人士提供了一种私密性的社交环境而大受欢迎并逐渐流行开来，发展到今天的全球俱乐部时，会所已经成为中产阶级和相同社会阶层人士的聚会、休闲场所，而会所的会员身份也演变成财富的象征与身份的标签。

## 二、休闲会所分类

### 1. 按功能设置分类

按功能设置分为综合型休闲会所和主题型休闲会所。综合型休闲会所为绝大多数会所采取的方式，内设功能分项较多，没有突出主题，是一个相对大而全的休闲会所。主题型休闲会所则侧重于功能设定中的某一项内容或整个休闲会所定位为一个主题休闲会所，如以"健康""运动"等为主题。

### 2. 按经营模式分类

按经营模式分为营利型休闲会所和非营利型休闲会所。营利型休闲会所按管理模式又细分为会员制和非会员制两种形式，但在会员吸纳收费和服务方面各家休闲会所又有一定的差别。非营利型休闲会所实质上是一种免费休闲会所，这种休闲会所市场上极少，服务内容也往往大打折扣。

### 3. 按区域服务方式分类

按区域服务方式分为独立型休闲会所和连锁型休闲会所。独立型休闲会所从服务区域讲仅限定于业主居住的小区，小区内业主不享有其他小区休闲会所的使用权。连锁型休闲会所则是本辖区内的业主可以享受到小区外连锁休闲会所里的服务。

### 4. 按使用范围分类

按使用范围分为公共休闲会所和社区休闲会所。公共休闲会所面向所有人开放，但绝大部分采用会员制的形式存在。社区休闲会所大多只面向社区业主，也有采用会员制的；其中部分社区会所为确保经营持久，也对外服务。

公共休闲会所又分为商业类休闲会所和度假类休闲会所。商业类休闲会所是以商业为主的俱乐部会所，多为会员制并且收费较高，多为国际集团式管理。许多楼盘的售楼部也设计成商业休闲会所的形式，以促进商品房的销售。度假类休闲会所多以休闲、娱乐为主，包括餐饮、健身、spa、美容、美发、KTV 等。

社区休闲会所大多以主题形式存在，可分为生活型、健康休闲型、文化型社区休闲会所。

## 三、休闲会所空间设计

休闲会所空间设计是一项综合性设计，涉及美学、材料学、声学、光学、环境学、色彩学和心理学等相关知识，休闲会所的设计应注意以下一些问题。

（1）休闲会所的设计应体现"以人为本"的设计理念，应根据当地的地理特征、历史传统、居民行为活动特点，设计出高质量、高品位的会所景观环境。设计者还要考虑到不同群体，尤其是不同年龄群体、不同文化背景群体等对会所功能的需求，在功能设置中安排适合不同年龄阶段的人的活动空间。

（2）休闲会所的色彩设计应根据不同类型、不同风格的休闲会所进行设计。以欧式豪华风格为主的高品质休闲会所，普遍采用高贵、温馨的黄赭色为主调，营造出庄重、典雅的室内氛围；以中式风格为主的休闲会所，应体现出儒雅、深沉的气质，常采用褐色等明度较低的颜色，营造出宁静、优雅、含蓄的氛围；而以突出个性为主的娱乐休闲会所，则讲究色彩的视觉冲击力和动感，往往采用鲜艳、活泼的色彩来达到新颖、刺激的效果。

（3）休闲会所的装饰材料也应根据不同空间的需求来选择。如欧式古典风格的休闲会所常采用木饰面板、布艺或皮革软包、墙纸等装饰材料；而现代风格的休闲会所常采用大理石、不锈钢、玻璃、铝塑板等装饰材料。

（4）休闲会所的功能区域划分要合理，流线设计要流畅。设计师对休闲会所各个功能空间的划分应该有一个整体的把握，各功能区域之间的交通流线的设计要合理，否则会因流线相互交错而降低服务的工作效率，也会对客人的活动造成不便。在功能区域划分和流线设计上，首先要明确会所空间的序列来组织空间，从前台接待到休息大厅再到各休闲娱乐场所，其空间和流线是逐次展开的，尽量避免交叉路线和回头路；其次要规划好空间的动静分区，使动态区域和静态区域相对独立和完整，避免相互干扰。

（5）休闲会所的立面造型设计应与整体风格相协调。如欧式风格的休闲会所常采用对称的罗马柱、石膏角线、壁炉等欧式造型元素；中式风格的休闲会所常采用漏窗、屏风、"回"字形等中式造型元素。

休闲会所空间设计与手绘表现如图 4-37～图 4-49 所示。

图 4-37　休闲会所空间设计与手绘表现图 1

图 4-38 休闲会所空间设计与手绘表现图 2

图 4-39　休闲会所空间设计与手绘表现图 3

图 4-40  休闲会所空间设计与手绘表现图 4

图 4-41　休闲会所空间设计与手绘表现图 5

图 4-42　休闲会所空间设计与手绘表现图 6

图 4-43　休闲会所空间设计与手绘表现图 7

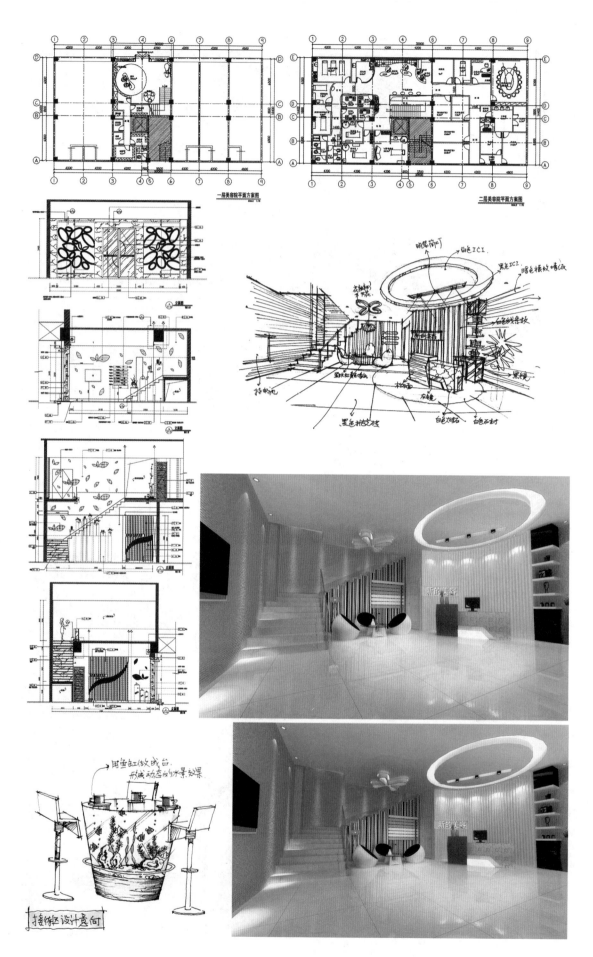

图 4-44　休闲会所空间设计与手绘表现图 8

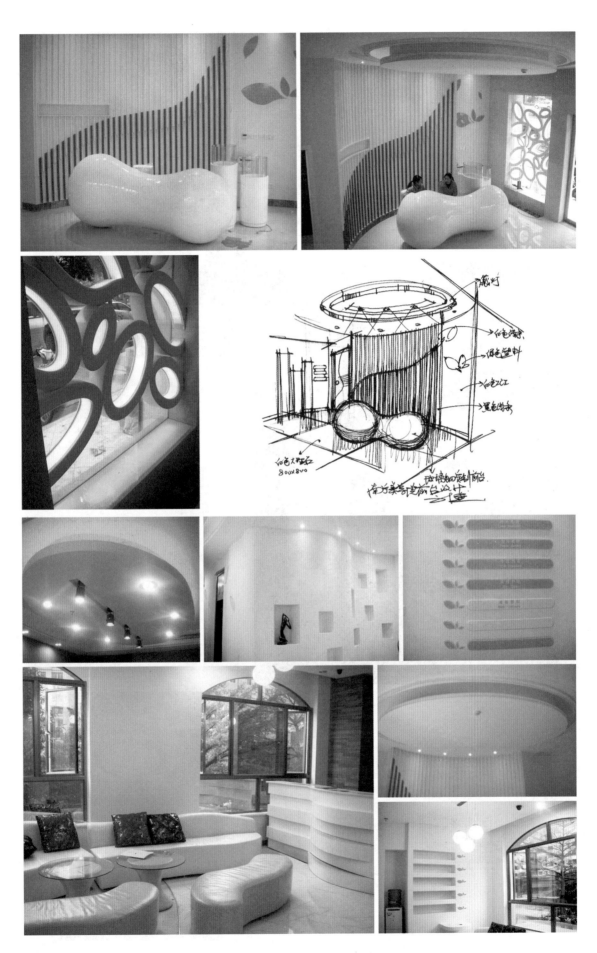

图 4-45  休闲会所空间设计与手绘表现图 9

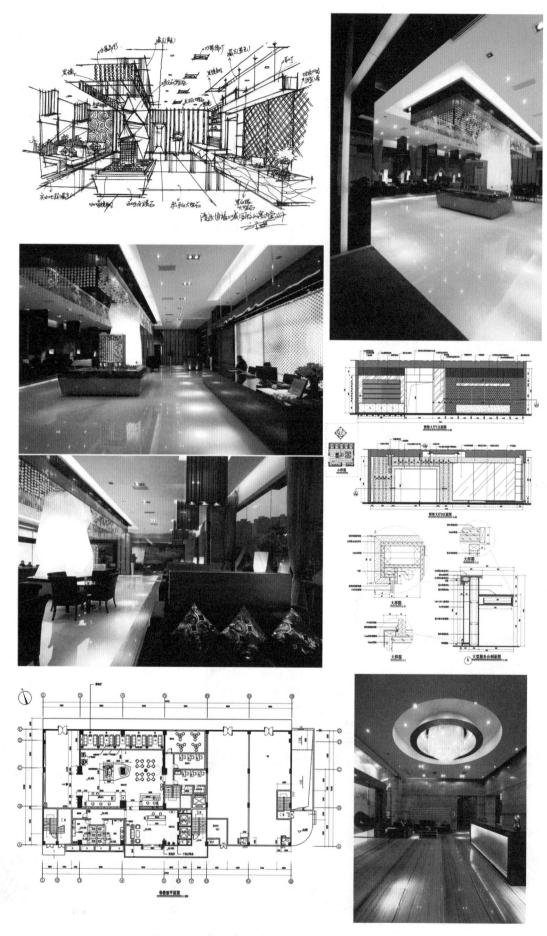

图 4-46　休闲会所空间设计与手绘表现图 10

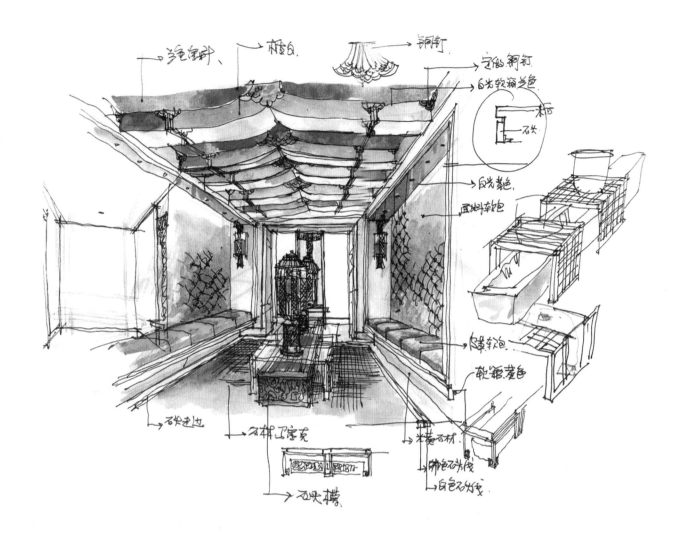

图 4-47　休闲会所空间设计与手绘表现图 11

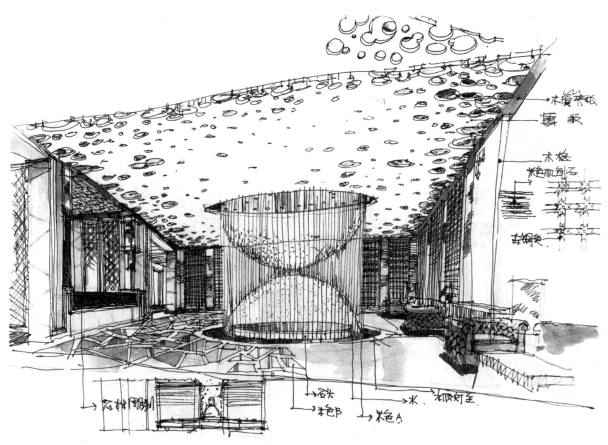

图 4-48　休闲会所空间设计与手绘表现图 12

图 4-49 休闲会所空间设计与手绘表现图 13

1.休闲会所空间设计时应注意哪些问题？

2.绘制 3 幅休闲会所空间设计与手绘表现图。

# 参考文献

［1］张月.室内人体工程学.2版.北京：中国建筑工业出版社，2005.

［2］潘吾华.室内陈设艺术设计.2版.北京：中国建筑工业出版社，2006.

［3］陆守国.今日手绘：陆守国.天津：天津大学出版社，2008.

［4］辛冬根.今日手绘：辛冬根.天津：天津大学出版社，2008.

［5］岑志强.今日手绘：岑志强.天津：天津大学出版社，2008.

［6］夏克梁.今日手绘：夏克梁.天津：天津大学出版社，2008.

［7］赵国斌.手绘效果图表现技法：室内设计.福州：福建美术出版社，2006.

［8］俞雄伟.室内效果图表现技法.杭州：中国美术学院出版社，2004.

［9］吴晨荣，周东梅.手绘效果图技法.上海：东华大学出版社，2006.

［10］李强.手绘表现.天津：天津大学出版社，2005.

［11］李强.手绘设计表现.天津：天津大学出版社，2004.